ＪＡ総合事業を強化する「ワイガヤ」

－「ノルマ」から「対話」へ、信用事業の価値創造－

JN057087

コンサルタント
（農中アカデミー講師）

信森 毅博

はじめに

　ＪＡグループにおける自己改革は、農協改革集中推進期間を通じて、一定の進展がみられた。そのうえで、地域農業を支える農協経営の持続性をいかに確保していくかが課題として意識されている。これまでの努力が、一定の評価を受けたことは良いことであるが、引き続きＪＡグループの自己改革の取り組みが促されている[※1]。

　では、ＪＡの現場で実際に経営に携わる経営陣・部長・支店長の方々は、改革の成果を具体的に実感し、今後の方向性が見いだせているだろうか。少子高齢化や低金利などの外的な経済・市場環境は一段と収益を下押ししているし、ＪＡ内部での従業員の世代交代・価値観の変化も一段と進んでいる。こうしたなかで、先行きの方向性に迷いを感じている方は少なくないように見受けられる。さらに、気になるのは、多くの農家が、これまでの改革の進展を実感できていないことである[※2]。

　こうした状況に対して、ＪＡ事業から、信共分離を求める声が引き続き強いようにも感じられる。農家のための経済事業の強化に注力するためには、信用（金融）事業と共済事業の利益が経済事業の赤字を穴埋めする収益構造を見直す必要があるとの主張である。

　たしかに信用・共済事業のみに注力し、経済事業の赤字に対して改善の努力もしないＪＡは問題である。しかしながら、総合事業体であるＪＡにおいて、厳格な部門別損益にこだわることに意

※1 農林水産省「農協改革の進捗状況について」（令和元年9月6日）の総括。
※2 農林水参照経営局「農協の自己改革に関するアンケート調査」（平成30年6月19日）によると、農協自身の評価と農家との評価の間には乖離がみられる。

味はあるのだろうか。

　この点、同じく収益の悪化に直面している金融機関は、むしろ非金融分野の取り組みに活路を見いだそうとしている。

　総合事業体であるＪＡが、あえて各事業の独立採算にこだわることには必ずしも意味がないと思う。考えるべきは、経済事業の赤字が、組合員のための「非効率」をもとにしたものかどうか、さらに金融・共済事業の黒字が利用者のために商品・サービスの提供の結果であるかである。

　言い換えれば、総合事業体として、全事業を活用して利用者の課題解決に役立っているかが論点とされるべきではなかろうか。部門別に収益を考える発想は、ＪＡ側からみた論理に過ぎない。利用者が求めているのは、ＪＡが提供するすべてのサービスや商品の良し悪しであって、部門別に付き合いを考えているわけではないはずである。

　むしろ、ＪＡが、改めて考えるべきは、利用者が求めるサービスや商品を提供する営業戦略や、それを支える内部統制の手法である。変化に対応した営業戦略や内部統制の手法を通じて、継続的に収益を上げていく事業の枠組み＝ビジネスモデルの確立は金融業界共通の課題として意識されている。

　この課題解決に対するアプローチとして、ＪＡでは、第一線の現場職員による「対話」が、より大切になると考えている。なぜなら、ＪＡのようなサービス業、特に信用・共済事業では、第一線の職員こそ、顧客に付加価値をもたらしうる主体だからである。

　たしかに、これまでは、本部が主導して、一律の商品やサービスの提供に関してノルマを設定すれば、一定の収益は確保できた。また、当該提供に際しての注意点を画一的なルールとして現場に繰り返し徹底すれば、不祥事や事務ミスが、ある程度は防げた。

しかしながら、経営環境が変わるなか、現場の「知恵」を生かすべき時代が到来している。現場の知恵の活用の根幹をなす手段が「対話」である。

「対話」の重要性はすでに指摘され、ＪＡでも様々な「対話」に関する技法の導入が試みられている。一般的な方法としては、ファシリテーションやコーチングなどがある。これらは、コミュニケーションを円滑にしたり、組織内外の人間関係を一段と改善したりするためには有効ではある。

しかし、これらの技法は、直接的に、収益確保や不祥事防止といったＪＡの経営課題に結び付けられるものではない。いくら技法を学んでも、経営の現場で活用できなければ意義は薄い。ＪＡの現場で「対話」を活用するには、「対話」を経営手法の一部にする工夫が必要だろう。

そこで、本書では、経営管理手法の一つとして、対話を用いた「ワイガヤ」と「ワイガヤ分析」を紹介したい。

本書の目的と背景を整理しよう。本書では、ＪＡの様々な現場における組織運営に有効な「対話」手法として「ワイガヤ」を取り上げる。そのうえで、特に内部統制の強化を目的としたものを「ワイガヤ分析」とし、その方法論を解説したい。

「ワイガヤ」や「ワイガヤ分析」の紹介をしたい、と思うにいたったのは、実際に、いくつかのＪＡにおいて実践のお手伝いをし、その成果に出会っているからである。

たとえば、現場職員のアイデアや考えをもとに、高金利に変えて農産物や農業体験付き預金などのユニークな金融商品につなげているＪＡがある。また、内部統制面では、事務ミス報告をもとに事務改善に取り組んでいるＪＡもある。このように「ワイガヤ」や「ワイガヤ分析」は総合事業体としてのＪＡの強みを発揮する

ために有効な手法である。

一方で、実施には相応のコツがある。しかし、あいにくとＪＡを対象とした解説書が見当たらない。そこで、これまでの経験を踏まえて方法を整理しようと思ったのが執筆の動機である。

言い換えれば、本書は「ワイガヤ」と「ワイガヤ分析」の実践に向けた初歩的な解説が第一義的な目的であり、本書の題名「ＪＡ総合事業を強化する「ワイガヤ」」は、そうした意図をあらわしている。

本書の想定読者は二層からなる。第一の想定読者層は本店各部の部長・職位者や支店長など、経営方針を実行する立場の方々である。これらの方々は、ボトムアップで方針を策定する際に材料を集めたり、内部統制強化への対処が求められる。「第１章　対話導入の必要性」を理解していただいたうえで、さらに具体的な方法を示す「第２章　ワイガヤによる信用事業の活性化（基礎編）」と「第３章　ワイガヤ分析による内部統制の強化（基礎編）」で実行に移して欲しい。そうすれば、「ワイガヤ」や「ワイガヤ分析」の効果は実感できるはずだ。また、必要に応じて、経営陣とともに「第４章　より効果的な対応に向けた応用課題」に示す課題へ対処してもらいたい。

第二の読者層は経営陣である。経営陣には、特に「第１章　対話導入の必要性」を通じて、これまでのトップダウンに基づく経営方式から現場の意見を生かすボトムアップが必要なことを理解のうえ、「ワイガヤ」や「ワイガヤ分析」の導入のサポートをお願いしたい。加えて、実際に導入した際に生じうる課題を示した「第４章　より効果的な対応に向けた応用課題」への対処でワイガヤの一段の活用に向けた支援につなげていただきたい。

「ワイガヤ」や「ワイガヤ分析」で実現したい目標は、副題で

示した「「ノルマ」から「対話」へ、信用事業の価値創造」である。両者は、ＪＡ現場部門の職員がイキイキと自律的に働き、さらには、利用者へ提供する商品やサービスの付加価値を高める行動を促す手法である。両者を通じて、これまでの経営　―端的に言えば、キャンペーン金利で貯金を集め農中で運用する方法―　からの脱却を図り、ＪＡらしい信用事業を確立して欲しい。そのことを頭で理解するのではなく、実際に実施するための「手引き」として活用していただければ、筆者の目指すものは実現したことになる。

　なお、「信用事業」に焦点を当てたのは、収益下押しがますます強まっており、特に変革が求められること、また、信用事業と他の事業との融合こそ、ＪＡの優位性が活かされると考えているためである。

　自己改革が狙い通りに進まないＪＡも少なからず見受けられる。しかし、地元の組合員がＪＡに期待していることは、まだまだ多く、手遅れだとは決して思わない。「ワイガヤ」や「ワイガヤ分析」を通じて、従業員のやる気を引き出し、顧客に創造的な価値をもたらすことで自己改革を進めることに成功したＪＡは決してなくならない。本書が、ＪＡらしい事業展開の一層の推進に役立てば幸いである。

令和２年８月　筆者

目次

はじめに

おわりに

第1章 対話導入の必要性

　本書は、全体を通じて「対話」の重要性やその活用であるワイガヤやワイガヤ分析の意義や方法論を示すことを目指す。本章は、その出発点として「対話が、なぜ重要なのか」から始めたい。あらかじめ結論を述べれば、経営判断においてトップダウンからボトムアップの必要性が強まっているためである。

　「対話」によるボトムアップが必要なことはJAに限らない。環境変化のなかで、様々な業種でも、重要性が指摘されている。金融業界では、金融庁も数年前から強調している。本章では、その背景とJAこそ「対話」が相応しいことの整理を行う。なお、本書でいう「対話」の定義やその他の「話し合い」との相違は、第3章において整理するが、差し当たって「建設的な話し合い」程度で理解していただければ十分である。

1. トップダウンによるノルマとルールによる経営管理の限界

(1) 量的拡大時代の指揮命令型管理

　金融機関の経営は、長らく、量的拡大を通じた収益確保を目指してきた。競争制限的な時代から自由化が進み競争が促進される時代になっても、基本的な構造に変化はなかった。JAの場合、高い系統運用利回りを背景に貯金を集める量的拡大の傾向が特に強かった。JAバンクグループにおいて、100兆円の貯金獲得が目指されていたのはその典型である。量を求める基本的な構図は、

共済事業でも変わらない。そこにＪＡらしい「信用事業」や「共済事業」はなかったといっても過言ではなかろう。

　量的拡大に向けＪＡを含む金融機関は、大胆に整理すると、指揮命令型の経営を採用してきた。具体的には、目標（＝ノルマ）と規程等の細かな規則（＝ルール）に基づきトップダウンで管理してきたと整理できる。そこでは、ノルマとルールを通じて、第一線の職員に対して動機・規律付けを行った。結果として、相応の収益確保が可能だったことは事実である。しかし、指揮命令型・トップダウンの経営方法は、今後は、有効でないばかりか弊害ですらある。ノルマとルールに分けて、うまく行かなくなっている背景を整理しよう。

　まずは、ノルマである。本部がトップダウンで示した「ノルマ」は「モノ」や「カネ」が量的、質的に不十分な時代にかなった方式だった、と評価できる。「モノ」や「カネ」が量的に不十分ならば、その提供者の側に主導権があるから、本部が「量」を目標に営業戦略を策定し、現場に対して、その実現を求めることは効率的でもあった。その後、「量」的にはある程度充足する時代になっても、今度は、商品・サービスの「質」を差別化するなかで、引き続きノルマを設定し、第一線に発破をかければ相応の実績が上げられた。こうしたノルマに基づく営業戦略では、現場は本部からの指示命令に沿って動けばよかった。

　ルールによる画一的な現場の管理は、こうした営業戦略のもとで有効であり、指揮命令型の経営そのものだった。あらかじめ、職員の望ましい顧客対応を想定しつつ、逆に発生しうる顧客の不満防止のために、望ましい行動様式をルールとして制定する。ＪＡバンクの場合現状、そのルールは全国統一事務手続きという形で、一段と標準化が進んでいる。そのうえで、このルールの実

践を徹底することで不祥事を防止することには相応の合理性はある。いわば、みんなが同じことをすることが期待されており、その行動からの逸脱を防ぐ形でルールを設定すれば、顧客の保護も実現できたわけである。

(2) ライフ・ステージに応じた商品・サービス提供の時代

　しかしながら、まず、ノルマによる営業推進が機能しなくなってきている。具体的には、提供する側が主導権をもって、顧客へ商品・サービスを一律に提供するのではなく、顧客に応じた多様な商品・サービス提供の必要が高まっている。背景には「モノ」や「カネ」が量・質ともにある程度、充足し、かつ消費者の価値観も多様化してニーズも様々になってきていることがある。一番大きな変化は、物や財への欲望が下がり、むしろ「経験」の価値を重視するようになってきていることである（モノではなく、コト消費）。「経験」の価値は家族構成や年代によっても大きく異なるため、現場が顧客のニーズを踏まえて動く必要性は一層、高まっ

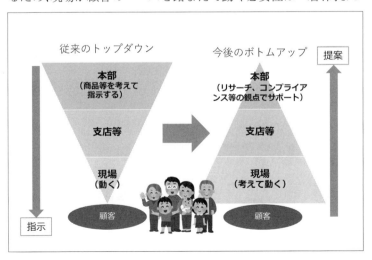

11

ている。

　多くの金融機関は、こうした多様化する顧客ニーズへの対応の必要性に気付き始めている。従来であれば、金融商品は差別化しにくく、一律の商品を一斉に提供する量的拡大を目指してきた。しかし、最近では、各々の顧客のライフ・ステージとプランにあわせた対応を志向　―商品ではなく、タイミングで勝負―　する営業戦略に変化している。典型的には、自社のホームページをサービス機能別スタイルから人生の段階毎に応じてサービスを提供するスタイルへと「造り」を変えてきている。顧客数の増加を中心とする量的な拡大が望まれない以上、個別顧客との取引の深耕に取り組むのは合理的な選択であろう。こうした対応はライフ・コンサルタントとか、クロスセル（同一顧客に複数のサービス・商品を提供する）などと呼ばれているが、いずれも実践には苦慮しているようである。

　ＪＡでも、こうしたニーズに沿ったサービスを提供する必要がある。実践には相応のむずかしさはあるが、ＪＡには、優位性が

顧客層の「拡大」ではなく、「深堀り」へ

○○銀行　　　　　　　　　　　　　　　　　　　　　　　検索

個人のお客様　　法人のお客様　　○○銀行について　　採用について

あなた（○○銀行）と考えるライフプラン

就職・新生活　　結婚・新婚旅行　　出産・子育て　　マイホーム購入　　・・・

おすすめの商品・サービス

ある。なぜなら、本来、ＪＡは組合員の家族関係を含めて家計全体を理解しておりライフ・コンサルタントには向いているはずである。しかしながら、実際には「お願い」や「お付き合い」で共済契約や貯金獲得に満足している先が多いのではあるまいか。これでは総合事業としての強みを生かした「ＪＡらしい信用事業」とはいえない。営業戦略面での差別化をはかる必要がある。

(3) ノルマの弊害

　営業戦略の変化にともない、指揮命令型の管理手法も再検討の必要がある。ライフ・ステージとプランに応じた営業戦略のもとでは、ノルマによる営業推進や（狭義の）コンプライアンスを通じた規律付けにも限界が来ている。このうちノルマによる営業推進の限界を理解するためには、目標とノルマを明確に区別する必要がある。別の言い方をすると「ノルマ抜きに管理は可能か」という、しばしば聞かれる疑問への回答である。

　たしかに、多くの場合「目指すべきもの」がある方が意欲をもって取り組める面はある。このため、「目指すべきもの」としての目標設定が一概に悪いとは思わない。しかし「目標」は「みずからが主体的に作る実現・達成を目指すもの」であるのに対し、「ノルマ」は「労働において個々に割り当てられた基準量」がもともとの意味であり、他者から割り当てられるものである。このため、ノルマの場合には、設定する側（＝企業）の都合が優先される。概念的には、両者には、大きな違いがあることに留意する必要がある[3]。

　ノルマと目標を区別するうえでは、設定プロセスが重要である。

※3 藤田 勝利「ノルマは逆効果」参照。

何をノルマや目標と言うかは、各々の金融機関やＪＡで異なりうるから、単純に「目標はよいが、ノルマがだめ」という整理は的を射ていない可能性がある。この点、いくつかの金融機関では、個々の収益計画・目標が営業現場の見積もりを踏まえたものではなく、もっぱら本部が期待する全体の収益計画を営業現場に配分したものとなっていることがあった。この場合、この営業目標は現場の実感に根ざした「目標」ではなく「ノルマ」に転化してしまう。

　ノルマは、ＪＡでも頻繁にみられる。のみならず、ＪＡ職員の中には、与えられた残高・保有高・供給高の達成こそが仕事として認識し、数字を追いかける者も少なからず見受けられる。彼らは、信用事業においては、キャンペーン金利を差別化の武器とする以外には「お願い」や「お付き合い」でノルマを達成する。さらにひどいときには「自爆」も辞さない。これでは、他の金融機関と異なる、組合員のための「ＪＡらしい信用事業」という主張は単なる建前にしか聞こえなくなる。ＪＡ職員の中には、こうした建前と実際との乖離に疲弊している者すらいる。

　現場の疲弊だけがノルマの弊害ではない。時に不祥事の大きな背景となる。ノルマが不祥事につながった顕著な例が「かんぽ生命」である。全国で同一の商品を提供しているＪＡとかんぽ生命には、似通った側面も少なくない。このため、かんぽ生命の不祥事を他人事ではないと受けとめたＪＡ幹部も多い。ＪＡを含む金融機関は、数値を目指すべきではなく、顧客の満足を満たした結果として、何らかの目標が達成できるべきである。そのためには「目標」の設定プロセスを見直す必要がある。かんぽ生命と異なり、ＪＡは経営体として独立し一定の自律性は有している。経営陣の意識次第で、見直しは可能なはずである。

	定義	設定主体	性質
目標	行動を進めるに際しての目指すべき水準	自分自身	目安
ノルマ	仕事において与えられた基準量	他人	義務

(4) コンプライアンスの限界

　ノルマに輪をかけて現場を疲弊させているのが「コンプライアンス」である。たしかに、法律等の記述されたルールの遵守は大切である。もともと、ルールの規範は、事務のやり方を標準化・効率化するために設けられ、さらには、顧客の保護が目指された。こうした目的は引き続き重要である。しかしながら、社会が複雑化するなかで、その目的が忘れられ、手段であるべきルールを守ることが自己目的化している。相次ぐ事務ミスや不祥事防止の観点から過剰なルールが設定されたり、現場の意欲をそいでいることも否めない。さらには、ルール通りの対応が真に顧客の役に立っているわけでもないなど、誤ったコンプライアンスの理解が弊害を招いている。

　弊害をなくすには、コンプライアンスの捉え方を見直す必要がある。この点、コンプライアンスをもっぱら「記述された法規範やルール等の基準の遵守」（狭義）と捉えると、上記の弊害に陥りやすくなる。一方、コンプライアンスを「記述された法規範や内部ルールなどの基準に加えて、社会や顧客の期待を満たすこと」（広義）と捉えれば、記述された基準はあくまでも標準的・一般的な方法を示した「目安」と捉えやすくなる。すると、顧客に応じて、目安を超えた踏み込んだ対応や例外的対応を通じて、現場の創意工夫を生かす余地もでてくる。要は、ルール等の規範が顧客や従業員に先んじて存在するものではなく、事務の効率化・有効性や顧客保護のために手段として存在するという原点に戻る必

要がある。

しかし、ＪＡは、狭い意味でのコンプライアンス定着、つまり明文化されたルールを守ることに注力している場合が多い。記述されたルールを守ることは必要だが弊害もある。弊害の一つは（ルールを守ることに汲々として）、現場が疲弊することである。また、記述されたルールさえ守っていればよいと「誤解」し、社会規範の変化に対応しきれない可能性が高まるという問題もある。実際、記述されたルールの代表である法律の文言だけを守っていても、非難されうるケースは少なからず出てきている。画一的な対応がかえって、顧客満足にそぐわない結果をもたらしていることもある。災害時に、近隣に居住する組合員が通帳と印鑑抜きに貯金引き出しに来た際「事務規程上、通帳と印鑑がないと引き出せない」と対応したとあるＪＡ支店の例[4] などを聞くと、コンプライアンスの弊害もそこまできたかと残念な気になる。

	意味	明文化の有無	対象の明確性
狭義	法令、ルール、規則を守ること	明文化	明確
広義	上記に加え、社会規範を守ること	必ずしも明文化されない	必ずしも明確でない

(5) 新たな経営管理手法の必要性

目標（＝ノルマ）と規則（＝ルール）に基づくトップダウンや指揮命令型の経営は、ここまで整理した通り限界がきている。ノルマやルールによる指揮命令では顧客が満足する価値は生まれない。このことを感じているＪＡは少なくないだろう。こうした状

※4 この事例への対処は、実際にワイガヤで取り上げている（65頁 第4章1. 参照）

況の打破には、現場職員との間で、共通の理解をえて新たな「営業戦略」をともに見いだしていく経営のあり方が必要である。また、ルールだけによらない「内部統制」のあり方も求められる。このため、指揮命令型での経営が主であった金融機関でも、コーチングやファシリテーションといった対人コミュニケーションの技法が重要視されている。しかし、トップダウンによる経営に伴う弊害の除去には、こうした技法を学ぶだけでは足りない。技法を使う際の根底となる発想、経営手法の転換が必要である。

2. ボトムアップによる経営理念と従業員個人の目的との合致

(1) 変化の時代におけるボトムアップの意義

　経営陣は、指揮命令型のトップダウン経営に限界が目立ってきているなか、ボトムアップの要素を強化する必要がある。具体的には、従業員との「対話」を通じて、彼らが働く目的と経営理念との整合性を図ることが求められる。さまざまなコミュニケーション技法は、そのための手段であって、ボトムアップという経営全体の変革がともなう必要がある。経営手法としての「対話」の整理の前にボトムアップを通じて、経営理念と従業員の目的を整合的にすることが大切になってきている点を、背景とともに整理しておこう。

　ボトムアップが必要となっているのは環境変化が激しいからである。逆に、経営陣が経営理念や経営戦略を策定し、浸透させるのが可能であったのは、相対的に先行きが予想しやすい安定した時代だったからである。社会が安定的な時代は、そうしたトップダウンが効率的でもあった。しかし、変化の激しい時代、いわゆる VUCA(Volatility, Uncertainty, Complexity, Ambiguity) な時代に入って、本部が「売れるものを予測して対応する」方法の有

効性が低下し、現場の意見を取り入れたボトムアップの重要性を多くの論者が指摘している[5]。

　望ましいリーダーシップ像の変化も生じている。すなわち、従来のリーダーは「自分はすべての答えを持っており、部下に命令を下す形」であった。しかし、今後は「方向性を示し、メンバーからインプットを求めて、改善する形」でのリーダーシップが必要と指摘する論者が増えている。言い換えれば、とりあえずの仮説をたてたうえで、メンバーの知見を持ち寄ってもらって、試してみて、成功の方策を見つけ出すことがリーダーに求められる役割であると再定義が行われている。ここで留意すべきは、リーダーは固定的ではなく、各々の局面で変わりうるということである。

	役割	意思決定	部下との関係	人数
旧来型	指示	リーダー	命令	少数（固定的）
今日的	支援	現場	対話	多数（局面によって変わる）

(2) 従業員の意識変化

　背景となる、従業員の内なる変化、つまり働く目的の変化も見逃せない。具体的には、若年層の就業意識や働くことに対する価値観の変化である。（本書の想定する主な読者層である）管理職世代は、組織（ＪＡ）に骨を埋める覚悟で就職し、組織の目標を受け入れ自らの方向性を組織の方向性と一致させることは、ごく自然なこととして受け入れたであろう。これに対して、若年層にとって、組織とは自分にとってやりたいことを実現する場と捉え

※5 例えば、柴田彰, 岡部雅仁他「VUCA　変化の時代を生き抜く７つの条件」参照。

ていることが多い。こうした若年層は、自分のやりたいことと組織の方向性がずれていれば、給与に関わらず退職することをいとわない。すべての若年層が該当するとは言えないにしても、そうした世代が、（管理職世代から見ると）「不思議な理由」でＪＡを辞めていく例は思い当たるだろう。彼らは社会課題の解決に対する意識が高く、社会貢献を実現することで働きがいを感じる。こうした異なる価値観を持つ若年層にも相応しい経営手法を見いだす必要がある。

　「対話」は、こうしたリーダーシップ像や従業員の目的の変化に対応した経営手法である。「対話」を通じて、ＪＡ内で従業員自身が魅力を感じる商品・サービスや提供方法のアイデアをえる。そのアイデアをもとに営業すれば、顧客の共感もえられやすいであろう。これこそ「組合員のため」である。このことはＪＡが利益を上げることを否定しない。従業員の目的をボトムアップで積み上げて組織の経営理念と整合的なものとすることは、ボトムアップを通じて、組合員、地域住民が抱える社会的課題を解決することで対価をえる。こうしたアプローチが、今後の経営方針

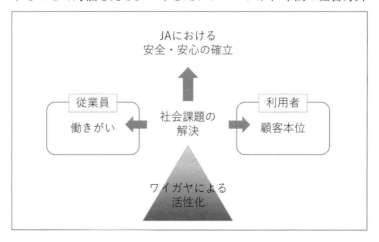

としては重要になるであろう[※6]。

3. 対話の意義

(1) 対話とは何か

　さて、これまで「対話」を定義せずに使ってきた。本書では、対話を「共有可能なテーマに関する『創造的な』話し合い」という意味で用いる。まずは、対話が他の「話し合い」とは何が違うかを明確にしたうえで、「対話」がなぜボトムアップの経営手法に相応しいかを整理していこう。ポイントは「創造」である。

　まず、他の話し合いとの差異である。「話し合い」では、聞き手と話し手という複数の人間の間で、お互いに意見がやり取りされる。こうしたやり取りとしては、他に雑談、議論、討論といったものがある。筆者なりに、対話を含めて①業務上の具体的な方向性を目指すか否か、②雰囲気を軸に整理すると下図のようにな

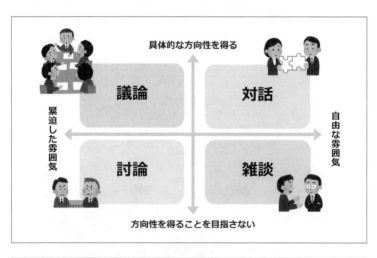

※6　金融庁は、こうした社会的課題の解決を通じた地域課題の解決を「共通価値の創造」として求めている。

る※7。

　この図のうち、縦軸は具体的な方向性の有無となる。上側は業務上の具体的な行動に向けた方向性をえることを目的としているのに対して、下側は必ずしもそうではない。「雑談」は、雰囲気を良くするために行われるのであって、具体的な行動が想定されていない（もちろん、雰囲気を良くすれば具体的な行動が取りやすくはなるが、直接的な目的ではない）。「討論」も、その場での説得を目指すある種のゲームであって、具体的行動が目指されていないことは同様である。これに対して、上側の「議論」や「対話」は業務上の具体的行動を目指して行われる「話し合い」となる。

　一方、横軸は雰囲気の差を示す。「対話」と「議論」は、具体的行動を目指す縦軸の整理では類似性がある反面、行われる雰囲気の観点からは「自由な雰囲気」か「緊迫した雰囲気」かで相違がある。具体的には「対話」はお互いの理解のために意見交換を行い、新しい発見・探求を一緒に見つけ出す創造的な作業となる。この場合に期待される具体的な成果は、「1＋1」以上のもの「創発」（＝部分の性質の単純な総和にとどまらない特性が全体として現れること）であり、「自由な雰囲気」で行われることが期待される。この自由な雰囲気で行われる点は、むしろ「雑談」に近い。これに対して、「議論」はお互いの意見の正当性を主張し合い、基本的にはいずれかを結論とするために行う。創造というよりは、討論同様「勝ち負け」的な色彩が強く、いずれかの1を選ぶために行う（必要に応じて、両者の意見の間の調整が行われ、1〜2の間の数値にはなりうるが、2より大きい成果は期待されていない）。その分「議論」という話し合いは「緊迫した雰囲気」で行われがちである。

※7　中原淳・長岡健「ダイアローグ　対話する組織」参照。

(2) 議論と異なる「対話」の意義

　ではなぜ、対話が求められるのか。理由は、議論による「説得」よりも対話による「納得」が重要になっているからである。従前、ビジネスの場では議論が重要視されてきた。議論では、事実と論理をもとに関係者を「説得」し一定の方向に向かわせることが目指される。説得は効率的に進められ、本部主導のトップダウンによるノルマとルールの経営手法と合致していた。しかしながら、いま求められるのは多様な価値観を持つ人々の「納得」である。そのために相応しい「話し合い」の手法として対話が重視されてきている。「対話」による「納得」には①従業員のやる気（＝従業員満足）、②利用者満足の二つの観点からメリットがある。

	雰囲気	目的	方法	前提	共通点
対話	自由	納得	創造・共感	皆で考えると知恵がでやすい	具体的行動を目指す
議論	緊迫	説得	論理・妥協	自分の意見が正しい	

(3) 対話による従業員満足の実現

　まず、対話は若手職員の「やる気」を引き出す、いわゆる従業員満足の観点で有益である。この世代は、社会問題への意識が高く企業が本業において社会貢献を実現することで、やり甲斐を感じる者が少なくない。先程は、自らのやりたいことと組織の目的が一致しなければ退職も厭わないと、若干否定的な書き方をした。ここで想定されていた組織の目的は、トップダウンで説得することが想定されていた。しかし裏を返すと、若手職員は、自らのやりたいことと組織の目的が合致し納得すれば心強い戦力にもなる。その場合、彼らが有する高いＩＴ知識などを活用した新た

な解決策の提供も可能となろう。

　そのためには、経営理念は上から説得するものではなく、現場の一人ひとりの価値観と整合的になるようボトムアップである必要がある。また、個々の職員の考えを踏まえて、営業戦略や業務の改善方法を考えていく動きも求められる。こうして現場でえられた問題意識を「対話」を通じて取り込むことは、若年層に働く意欲を与える。こうした「対話」の取組みがうまく行けば、職員の定着率が上がることも期待できる。

(4) 対話を通じた利用者満足から顧客本位へ

　対話は利用者満足・顧客満足にも役立つ。利用者は、様々な情報で目が肥え、多くの選択肢を有している。このため、コモディティ化した商品・サービスを一律に提供ではなく、一人ひとりのニーズに対応したカスタマイズされた付加価値の高い商品・サービスを提供する必要がある点は、先に整理したとおりである。こうした利用者を満足させるためには「対話」を通じて、ニーズをくみ取る必要がある。

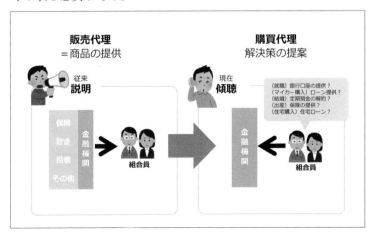

さらに「対話」の際には、利用者のニーズの「傾聴」が重要である。従来は、利用者に対してコンプライアンス上の要請として、金融商品の中身やリスクを説明し、説得することが重視されてきた。しかし今後は、利用者の課題や悩みを確認し真の利用者ニーズが何かを「傾聴」し、共感する必要がある。「傾聴」の目的は相手を理解することであり、確認すべきは自分（職員）が訊きたいことではなく、相手（利用者）が話したいこと、伝えたいことである。こうした姿勢を通じて、利用者が自分自身に対する理解を深めてもらう。そのうえで、建設的な行動をサポートすることが求められる。商品で差別化がしにくい金融サービスでは、とりわけ、利用者の気持ちを「傾聴」して共感し、真に必要なサービスを提供する必要がある。

　この点は、販売代理から購買代理への転換と言われることもある。こうした転換が顕著な業界の一つが保険業界である。生命保険も損害保険も、コンサルティングを行いながら利用者に合った商品を提案し販売する形態が一般化している。この場合、保険代理店は「保険会社の商品の販売を代理する人」ではなく「（利用

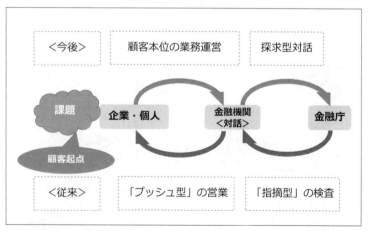

者からみた）自分たちの購買を（手助けしてくれる）代理人」という立場に代わることとなる。ここまで行くと、利用者・顧客満足を超えて「顧客本位」にも近づくはずである（顧客満足との違いは 27 頁 4.(2)) 参照)

(5) 金融庁による「対話」重視への転換

　「対話」の重要性は、金融庁も強調している。金融庁はここ数年、行政方針や用いられる手法の大きな転換を図っており、「対話」重視はその核の一つである。転換の象徴は、金融検査マニュアル廃止である。従前、金融庁は金融検査マニュアルを「双方向の議論」の道具として活用してきた。しかしながら、検査マニュアルを廃止したうえで、行政手法の根幹に「対話」をおいている[8]。

　背景には、金融機関毎にビジネスモデルが異なるべきであるとの問題意識がある。金融機関の存在意義は、社会の課題解決にあると再定義のうえ、各々の顧客基盤にあった対応を望んでいる。このため、行政側も従来のようにマニュアルに沿った「正しい」対応が何かを「議論」するのではなく、各々の金融機関に沿った経営方針が何かを「対話」を通じて探求していこうとの姿勢を明確にしている。

　金融機関側からみると、従来型のビジネスや経営管理手法からの脱却が求められることになる。従来は、量を志向していれば収益が上げられたが、同様のやり方では経営は成り立たない。このため、顧客と金融機関、金融機関内、金融機関と金融庁との間で、対話を通じて金融機関のビジネス・業務運営の方法を変えていくことが期待されている。行政としては、こうした動きに乗り遅れる金融機関に「退出」を求める姿勢を明確にしている。

---

[8] 金融庁が毎年公表する金融行政方針などを参照。

4. ＪＡにとっての対話

(1) ＪＡの優位性

　ところで、この「対話」を使った経営手法の変革は、いくつかの観点から、他の組織と比べてＪＡに当てはまりやすい。

　第一に、対話の成果は比較的、小規模な従業員間の方がえられやすい。一度に対話ができる人数の範囲は限られているから、人数が多いと多くの対話が必要となり、実行にコストが掛かるし対話でえられた結論を進めていくにも手間がかかる。また、対話はお互いをよく知っている方が（第4章で後述する「心理的安全性」の観点から）、意義のあるものになりやすい。この点ＪＡは、広域合併が進んでいるとはいえ地方金融機関対比でまだまだ小規模である。実際、中小の信用金庫などが「対話」を通じて経営手法の変革に成功した先として言及する文献も増えている。ＪＡも、これに続くべきである。

　第二に、ＪＡが営業基盤とする地域や対象は、相対的に狭く小さく利用者との距離感が近いことも対話に有利である。営業地域・顧客基盤が多様になればなるほど、ニーズは多様となるし、そもそも対話を通じた課題の把握にも時間がかかる。何より、日々接していないと、顧客側が信用して話をしてくれないであろう。

<JAの優位性>

	金融機関	JA	提供サービス
取引相手の金融情報	フロー情報（収入）のみ	フロー情報（収入）ストック情報（資産）	資産運用（資産形成）
	決済情報のみ	決済・生活情報	生活設計（融資等）
接点のある関係者	取引相手のみ	取引相手＋家族（相続人）	相続相談
接点の方法	？	訪問⇒ドアを開けてくれる	

　ＪＡは、こうした自らの強みを理解する必要がある。特に、顧客に関する情報量は、金融機関対比で一般的には圧倒的に有利であるし信頼が相対的に確保できている。このため、対話にも応じてくれやすいであろう。こうした自らの優勢を踏まえつつ、現場職員が、地元の課題に対する感覚を鋭敏にする必要がある。

　実際、「かんぽ生命」での不祥事に対して、少なからぬＪＡ職員から「ＪＡで扱う共済商品はかんぽ対比で多いので、顧客ニーズに沿ったより適切な共済商品を提供できる」といった意見も聞かれた。ＪＡは、こうした優勢を活かす意識が大切だと思う。

(2) ＪＡから聞かれる意見への反論

　こうした「対話」活用に対して、しばしば聞かれる反論にも回答しておこう。ＪＡ幹部に対話の必要性を説明していると、一般論としては共感していただける。そのうえで、自ＪＡでの活用に関し、例えば、①若手には「対話」能力や主体性がない、②すでに「利用者の声」は聞いているという二つの反論がしばしば聞かれる。この反論に対する、筆者の意見である。

　まずは、若手の対話能力の欠如だが、この認識は誤解と申し上げたい。

　たしかに、営業に連れて行った若手が年配の利用者相手に気の利いた話ができない、という声は少なからず聞く。このため、一般的に「自ＪＡの若手は受け身で、自分で主体的に考えたり、判断したりしない」と言う不満は多い。しかしながら、私には、彼らは「もともと、受け身」なのではなく「受け身にさせられている」ようにみえる。なぜなら「ノルマとルールで縛る」ことは、「考える」幅を狭められ結果的に考えるだけ無駄と思わせているに等しいからである。

むしろこの世代は、学校教育において一義的な回答を知識とし
て習得する以上に、回答を探す教育をされてきている。このため、
仲間同士の話し合いは思った以上に得意であると、個別ＪＡのお
手伝いから実感している。すぐに成果がでなくても、彼らの対話
に関する潜在能力を生かさない手はない。

　一方、「利用者の声」を聞いているという点に関しては「顧客
満足」 ―言い換えると「御用聞き」― と「顧客本位」とを区
別する必要があると指摘したい。たしかに、ＪＡ職員は「利用者
から言われたことに対応する姿勢」は比較的多い。しかしながら
「利用者のために考える姿勢」が十分であろうか。

　特に、金融のような専門的な領域においては、利用者が十分な
知識を持って判断している可能性は必ずしも高くない。むしろ、
ＪＡ職員が専門的な立場から、助言をしたうえで、ニーズを絞り
込む必要がある。

　ここでくみ取るべき「声」は顕現化したものではなく潜在的な
「生の声」である。こうした「生の声」を明らかにするためには、
個々の発言を持ち寄って検討する必要があろう。残念ながら、そ
こまで踏み込んだ対応をしているＪＡは必ずしも多くないように
感じられる。利用者の「本当」の声を聴く必要がある。

顧客本位	VS	顧客満足
▪ おせっかい、諭す、耳痛いことをいう		阿る、もちあげる、気持ちよくさせる
▪ 「貸すも親切、貸さぬも親切」		▪ 熱心な営業行為
▪ 合理的な消費		▪ 無駄な消費（カードローン等の過剰融資）
▪ 家計規律（「生活のリスク」）のもとの余剰の形成（資産形成）		▪ 投資教育という名の営業
▪ 「真の」投資信託		▪ ＦＸ、投機、妙な投資信託

(3) 対話を通じた創造へ

　「対話」の意義は、おわかりいただけたであろうか。たしかに「対話」を従業員、そして顧客と行うことは存外、むずかしい面もある。ただ「むずかしい」と手をこまねいても仕方がない。現場職員との「対話」から開始し、徐々に輪を広げていく態度が現実的だろう。職員の間で対話が成立するようになれば、顧客との対話にも生かせる。そのうえで、新たな商品・サービス提供を創造していく必要がある。これからは「対話」ができない金融機関は、行政以前に顧客から見捨てられるだけである。

　ＪＡは、もともと政治との関係を重視してきたように見受けられる。これに対して「組合員のためになっているか」という観点から批判が高まった。結果として、自己改革が求められ、一定の成果は出ている。しかしながら、多くの農家はこれまでの改革の進展を実感できていない。

　捨てられるＪＡにならないためには、地域の経済や社会と共生し、地元の課題を創造的に解決し、地域に貢献する必要がある。そのための実践的な手法が「ワイガヤ」である。

コンプライアンスは、広義には社会規範、さらには顧客の期待を守ることと整理されうる。

この点、コンプライアンスが明文化された法規範の遵守という狭い意味で捉えられがちなこともあって、最近では「コンダクトリスク」という新しい言葉も用いられる。このコンダクトリスクでは、明文化された法規範以外にも「多様な関係者の期待を守る必要がある」とも指摘される。

「コンダクトリスク」という概念は、ＪＡでは一般的ではないかもしれないが、ＪＡに身近な「過積載」を例に、こうした広義のコンプライアンス、コンダクトリスクの重要性を整理しておこう。

ＪＡを往訪していると、時折、顧客の希望に応じて制限以上の荷物を積載する「過積載」を目にする。過積載は、もとより顧客の要望に基づいて行っている。その限りでは、ＪＡは顧客の期待に応えている。しかし、少し視点を広げるとＪＡは、様々な期待に応えているとは言えない。

また、飲酒運転に対する罰則の展開を踏まえると、法的な責任についても問われかねないように思う。

飲酒運転では、もともとは運転者だけが刑事罰の対象だった。しかし、飲酒運転に伴う事故の多発を受け、酒を提供した店舗等も処罰される形となった。

同様に、過積載のトラックが子供を巻き込む事故を起こした場合を契機に、法制が整備されないとも限らない。否、法制が整備されなくても事故が生じた場合には、過積載を許容したＪＡも非難対象となることは十分にありうると考えられる。

　こうした企業に対する期待値が上がっている例は、金融のみならず、スポーツ、芸能の世界にまで広がっている。ＪＡも、こうした世の中の変化を意識して、法令以上の対応をしないと、いつ非難されるわからない点には留意する必要がある。

　具体的には、目の前の顧客のニーズを長期的・個別的に考えるのみならず、第三者への影響も気にかける必要がある。これがコンダクトリスク管理に重要な視点である。

第2章　ワイガヤによる信用事業の活性化（基礎編）

　対話が「共有可能なテーマに関する創造的な話し合い」だとして、「ワイガヤ」とは何か。本書では、「組織の活性化」に向けた対話と定義したい。

　「ワイガヤ」は、営業戦略の策定・内部統制の強化を含め様々な局面で活用が可能だが、本章では、特に信用事業における商品・サービス面での価値創造の局面を想定して説明しよう。

　ここで紹介する「ワイガヤ」は、もともと本田技研工業株式会社が行ってきた、仕事・プライベートのどちらでもない職場での多人数による会話のことを指す[9]。ホンダの「ワイガヤ」では、従業員が、立場の相違にかかわらず様々な話題について、気軽に「ワイワイガヤガヤ」と話し合いを行い、様々な商品開発につなげてきた。つまり、モノ作りの「生産」現場で用いられていたものである。しかし、従業員の現場の「知恵」を活用する観点からＪＡのようなサービス現場でも十分に適用できることは実証済である。

---

[9]　ワイガヤの意義を進める書籍は多くある。例えば、本間日義「ホンダ流のワイガヤのすすめ　大ヒットはいつも偶然のひとことから生まれる」参照。また、本稿で紹介するワイガヤの方法は、山本真司「実力派たちの成長戦略」から多くのヒントを得ている。

1．ワイガヤの方法

(1) ワイガヤの概要

　本書が提案するワイガヤでは、4－6人のメンバーが白板の前に集まり、自由にワキアイアイと「対話」する。

　より具体的な設定方法は以下のとおりだが、実施の際のポイントは、①絶対的な正解を探すのではなく気付きを生み出そうとする姿勢で望むこと、②立場を離れて参加者が平等の立場で参加し、職位は関係ないものとすること（上位職位者の意見が最終的には通るということを前提としないこと）、③すべての人の多様な意見を批判せずにいったんは受け入れる態度でいること、の3点になる。

　この3点のうち、特に③は「こんなことを言ったら馬鹿にされないだろうかといった否定的なプレッシャーを感じないこと」、つまり「心理的安全性」の確保と言い換えられる。心理的安全性については、ワイガヤをより効果的に行うための前提として、後に改めて触れたい（第4章）。

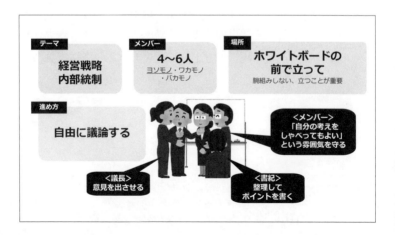

ワイガヤの場の設定

・メンバー：4－6人

・役割分担：議長（年長者が行うのが一つの方法）・書紀・その他参加者

——議長の役割「自分の考えをしゃべってもいい」という雰囲気作りが大切

——書紀の役割「発言のキーワード」を書き出す。そのうえで整理。

——参加者の役割「思ったことは口に出す」・「腕組みしない＝傍観しない」

・場所等：会議室・ホワイトボードの前で立って

——気兼ねなく発言できる場が大切。

——すぐに書いたり消したりできる大きめのホワイトボードが必要。

---

(2) 参加メンバー

　ワイガヤ実施では、メンバー選定も重要である。メンバーは、事務・業務に詳しい者だけではなく固定観念にとらわれない「ヨソモノ、ワカモノ、バカモノ」を交えた多様な構成がよい。彼らは、地方創生事業を推し進めるために必要な人材として有名になったタイプで、ワイガヤ活性化のためにも欠かせない[10]。

　具体的には、①「ヨソモノ」とは他の地域や業界の経験を持ってきてくれる者、②「ワカモノ」とは過去の経験がなく先入観をもたない者、③「バカモノ」とは枠組みに収まらず疑問を提示で

---

[10]　こうした人材こそ、AIに対抗できるとする書籍もある。例えば、木村尚義「わか者、ばか者、よそ者」はいちばん役に立つ AI時代の創造的思考」参照。

きる者、という意味である。彼らに期待されるのは、見知った者が既存の知識をもとに予定調和的に議論するのではなく、様々な視点の提示である。言い換えれば、同質的なメンバー間で生じがちな「集団思考」を避けるという意味合いがある。

この「集団思考」とは、集団が話し合う際に集団の結束や同質性がマイナス方向に作用して、個人の決定よりも不合理な決定を行ってしまう傾向を指す。集団思考を避けるためには、参加メンバーは自分自身の思いや考えを提示する必要がある。人の目を気にし失敗を恐れるのではなく、自分の意見を持つということである。誰にでもある考えや小さな要望や不満が商品・サービスの差別化のきっかけとなる。そのために個々人が自らの考えを持ち寄ったうえで、深く考える必要がある。ヨソモノ、ワカモノ、バカモノは比較的、そうした自分の思いや考えを率直に述べやすい人達、先ほど整理した実施の際のポイント3点を実現するために不可欠なタイプと整理することもできる。

なお、ワイガヤを効果的に行うには、様々な意見を出し整理していくコーチングやファシリテーションといった技法が役に立

ワイガヤの実施上の留意点

・メンバーの多様性：ヨソモノ、ワカモノ、バカモノを交える。

・留意点 ： ① 「正解」の探求を必ずしも目的にせず、気付きのため自由に議論する。

② 参加者は、職位・経験に関係なくフラットな立場で参加。

③ 個々の意見に対して批判・否定したり、叱ったりするのは避ける。

つ。ただ、これらの技法はコミュニケーション向上の手法であって、そこから組織の方向性は生み出しにくい。本書は、コーチングやファシリテーションを一段と生かすためにも、「組織の活性化」にむけた対話として、ワイガヤを提案するものである。

2．ワイガヤの方向性と工夫の実例

(1) ワイガヤの方向性

　ＪＡで活性化が必要な領域は様々であるが、以下では筆者が主に支援をしている信用事業を中心に考えたい。そのうえで、①顧客に対する商品・サービス提供の局面と②ＪＡ内で事務を実施する局面と二つに分け、まずは、①の局面におけるワイガヤの実践例やヒントを提供しよう。

　信用事業（金融業務）のように昔からあるサービスでは、商品・サービスの差別化はむずかしく、顧客満足を向上する余地はないのではないか、という意見があるかもしれない。この意見が的を射ていないことは、ワイガヤ実践を通じて実感してもらうしかないが、考え方を整理のうえで具体例をあげてみよう。

　出発点として、サービス業では、本質的な機能面で違いがなくても非機能面での付加価値（可能であれば実現して欲しいこと）の提供による差別化が可能という視点が大事である。実は、既存の業界でも、こうした別の付加価値を提供することで顧客をひきつけ成功している例は数多くある。ＪＡの事例だけを紹介すると、かえって、発想を狭めてしまうかもしれないので、以下、他の業界の具体例も交えて紹介しよう。なお、必ずしも対話やワイガヤから生じたアイデアだけではないことには留意いただきたい。

(2) 工夫の実例

①預金（預かり業務）

　まずは、既存業務のうち預金である。預金獲得のために、高金利を付すことがひところまでは流行ったが、足元では金利による差別化は限界的で、効果がないことも明らかになっている。高金利に変えて盛んになっているのは、商品だったり、体験である。墓守り定期なども、この範疇に属するかもしれない。

【例1】金利に加えて地元産品を提供

　・ＪＡめぐみの（明方ハム）・ＪＡえひめ中央（各種の果実）

　・ＪＡ演習夢咲（野菜栽培キット）

【例2】同じく、果物狩や田植え・稲刈り等の農業体験を提供

　・ＪＡあさか野（トマトなど）・ＪＡ東京みどり（みかん）

　・ＪＡ東京むさし（ブルーベリー）・ＪＡにしたま（さつまいも）

　・ＪＡいるま野（夏野菜）

　このうち【例2】は、准組合員対応策としても有効であろう。興味深いのは、農業体験が決して都市部のＪＡだけで奏功しているわけではないことである。農村部であっても産品によっては、他の農家組合員が体験することに興味があるようである。また、例えばイチゴ狩りなどは、都市部に就職している子供世代の里帰りの口実にも使われているようである。

　ちなみに他業種をみると、トランクルーム業界などでは単に預かるだけではなく、スタッフを全店舗配置し対面での接客、アフターフォローを手掛けることで、顧客満足度ランキング上位を維持し続けていることもある。人的なアドバイスは差別化の一要素になりうる例と捉えられよう。このほか、農地バンクのように大掛かりでなくとも、農地が荒れないよう一定期間、遊休地を預かることなども考えうるのではないか。

②貸出（レンタル）

　貸出については、資金の提供だけでは金利競争に陥りやすくなる。ここは発想をかえて、資金以外のＪＡ資源を「貸し出す」ことを考えてみてはどうか。実際、人手、スペースを貸し出していると評価できるＪＡも見受けられる。

【例1】　人手：墓守付き定期

・ＪＡおちいまばり[11]・ＪＡ広島中央[12]：一定残高以上の定期貯金に対して、お墓そうじ代行サービスを付与

【例2】　スペース：ＪＡ保有建物の空きスペースを託児所等として活用[13]

　他業態でも、「所有から利用」への動きは広がるなか、様々な商品等を一時的に貸し出すサービス（サブスクリプションサービス）が流行っている。筆者が直接見聞きしたＪＡによる一時的な貸出の例としては、修理期間中の農機具の貸出を全店舗に広げる動きなどがある。また、他業態のユニークな成功事例として、子供向けを中心とする写真館をあげたい。少子化・カメラ（携帯電話に搭載されたものを含む）保有が一般化するなかで、従来型の写真館は閉まっている一方、「ハレ」の写真を取るための場所を提供する業態は大流行である。写真を取る機能に、ハレの衣装・場という非機能的な要件を生かして成功を収めた例である。

　こうした一般的な動きや「体験農業付き定期」の成功などをみると、農地の貸出には一定の需要があることは間違いないはずで

※ 11　https://www.ja-ochiima.or.jp/kinyu/campaign/souji.html
※ 12　http://www.ja-hirochu.or.jp/wp/wp-content/uploads/2018/04/4fa0d79fc7364691112540920ea5f31e.pdf
※ 13　銀行でも同じ動きが広がっているようである。例えば、山口銀行は、支店を地域コミュニティの場としてロビーを広く開放、事業所内保育所を併設している。
https://www.yamaguchibank.co.jp/portal/news/assets_news/news_0323.pdf

ある。

③為替（繋ぐ・運ぶ）

　お金などを「運ぶ」サービスに関して、ＪＡが工夫している例は、残念ながら寡聞にして知らないが、関係性を繋ぐという観点からは見守りサービスに乗り出している例がある。

【例】 ＪＡ京都にのくに[※14]：「ふるさとを守る活動に関する協定」を地元地公体と締結し、定期的に職員が訪問。

　同様の見守りサービスは、ヤマト運輸のようなその他の業態でも広がっている。一方、「運ぶ」という観点からはタクシー業界の例が興味深い。

【例】 中央タクシー[※15]：運輸業ではなく、サービス業としてホスピタリティ提供を徹底。親切すぎるほど親切なドライバーがファン層を確保。

(3) 留意点

　ワイガヤを通じたアイデア、「差別化」のイメージをつかんでいただけただろうか。こうした差別化を考える際に大切なことは、繰り返しになるが、量や価格差では勝負せず、その他の非機能面での差別化に意識を向けることである。たしかに銀行が提供する各種サービスは画一的な面が強いが、非機能面、特にホスピタリティの観点から差異化できないかと考えることが大切である。その際の切り口は、①総合事業体ＪＡの強みとして非金融との融合、②相手のライフ・ステージを意識すること、③既存の「業界の常識」にとらわれないことである。このうち、特に、非金融との融合こそ、地元に根ざし地域に様々なサービスを提供しうるＪＡの強み

※14　https://www.pref.kyoto.jp/chutan/nourin/documents/1334818890110.pdf
※15　宇都宮恒久「山奥の小さなタクシー会社が届ける幸せのサービス」参照。

を活かす切り口とである。

　もちろん、上記はあくまでも例である。顧客が何を望んでいるかは、まさに顧客毎に応じて考えるべきで一律の回答があるわけではない。また、地域固有の課題や提供できるサービスには相違もある。したがって、「回答」は各ＪＡでワイガヤを通じて考えてもらう必要がある。他のＪＡでの実践例は、あくまでイメージをつかんでもらうための参考と理解してほしい。

　なお、ワイガヤでえられたアイデアは、即、実行に移せるものばかりではあるまい。費用対効果などを勘案して実現可能性を検討する必要がある。この検討こそ本部の役割である。素朴だが地に足の付いた現場のアイデアをもとに、本部が練り上げた施策こそ差別化の鍵となる。こうしてえられた回答は、従来と異なりボトムアップの要素が強いため、現場からの支持がえられる可能性も高いのではあるまいか。まずは、こうした商品・サービスの創造の局面でワイガヤを活用することが考えられる。

3．ワイガヤの対象：発散型と分析型

　さて、これまで「ワイガヤ」が、①商品・サービス提供の局面、つまり営業戦略を考える際に有効であることを示してきた。ワイガヤは、営業戦略にとどまらず、②ＪＡ内で事務を実施する局面、つまり内部統制の局面でも、役立たせることができる。具体的には、事務ミス等について「なぜ？」を繰り返す形で「ワイガヤ」を行い、根本原因を分析し再発防止の検討に用いるということが有益であり、その方法を次の第3章で紹介する。

　その前に、「ワイガヤ」を用いることができる対象は二つに大別でき、各々が、①営業戦略と②内部統制に相当し、「対話」の

方向性が発散か、分析か、で異なることを整理しておきたい[※16]。

一つ目は「やるべきことが必ずしも明確ではない」課題、たとえば、経営戦略やサービス・商品開発である。こうした課題は、起きている問題が複雑であり、前例や他の真似といった既存の回答が役立たない可能性が高い。言い換えれば、状況は整理できる一方で、実務の中から解決策を導き出す必要がある課題である。回答はむしろ、実務からくる知恵や勘に基づく新たな発想が糸口になることが多い。そのうえで、組織の中で実験的に、発想を豊かにして問題に向き合いながら行動していく必要がある。このため、こうした課題では「創造」が大切であり、「ワイガヤ」では発想豊かに発散させる必要がある。

もう一つは「やるべきことが（比較的）明確な」技術的課題である。具体的には、既存の金融業務における改善活動の多くであり、おおむね内部統制上の課題などが該当する。これらの課題は、問題が特定できればルールで定められた手順遵守などの手段で、技術的には解決できる。ただし、解決手段があるからといって、解決そのものが簡単であるとは限らない。むしろ、その解決手段にいたるまでの検討手順が実効性の確保には重要である。このための「ワイガヤ」では、なぜ、当該事務が守れないのかとか、当該事務を守るためにはどうしたらよいか、といった形で「対話」することが求められる。議論の方向性は、やるべきことが明確ではない課題における「創造」とは異なり「分析」が中心となる。

次章では、こうした規程やマニュアルの背景の理解や遵守のためにワイガヤを用いる際のコツを示していきたい。

※16　ロナルド・ハイフェッツ「最前線のリーダーシップ」では、それぞれ、「適用を要する課題」、「技術的な課題」として整理している。

第3章　ワイガヤ分析による内部統制の強化（基礎編）

1．ワイガヤ分析とは何か

(1) 概要

　前章では「ワイガヤ」を「組織の活性化」に向けた対話と整理し、営業戦略の方向性を見いだすための一つの手法として使えることを示した。本章では、内部統制の強化のため、分析的にワイガヤを用いることを「ワイガヤ分析」と整理したうえで、目的や意義に触れその方法を紹介する。

　「ワイガヤ分析」は、「事務ミス報告」などを材料に同一ミスの再発を防止し、類似ミスを未然に防ぐための対応策をメンバー全員でともに見いだすことを目的とする。この手法は、原因に即して具体的な対応策が策定できることから[17]、内部統制の強化に極めて有効なことも数々のＪＡで明らかとなっている。また、「苦情報告」をもとにワイガヤ分析を行えば、より顧客ニーズに即した商品・サービス提供の検討にも転用が可能である。こちらは、内部統制の強化に加えＪＡらしい信用事業のヒントにもなる。

　「ワイガヤ分析」の基本的な発想は失敗を活かすことである。ＪＡの現場では、事務ミスでお客様に迷惑を掛けたり監査で不備

---

[17]　対応策の実現の可否は予算や人員等の制約に応じて、各々のＪＡで異なるので、この点は本稿では検討しない。ただ、ワイガヤ分析に対する意欲を維持する観点からは、少なくとも幾つかは実現する必要がある。

が発見されることがしばしばある。また、お客さまから苦情を受けることもある。こうした「失敗」は業務を行う上で不可避だが、再発は困る。このため、ＪＡでは事務ミス等について、再発防止対応策を含む改善のための報告書を作成する。

　しかしながら、実際に失敗を契機に事務改善につながっている例は必ずしも多くないようだ。かえって「失敗」を叱られて委縮することすらある。本来は、こうした失敗をもとに現場の意見を踏まえて、対応を考え小さく・素早く試すことが望ましい。言い方を変えると、ワイガヤ分析の意義は、後述する PDCA サイクル（Plan, Do, Check, Action）のうち Check を活用するためにある。

(2)「ワイガヤ分析」の要素

　「ワイガヤ分析」は、「ワイガヤ」に、①トヨタ自動車における「なぜなぜ分析」の技法や、②原因分析を再発・未然防止に結び付ける「失敗学」の発想を加えた対話である。このうち①「な

前提

➢ __人間のやることに失敗__ はつきもの。
➢ 特に、__新しいこと__ は、__上手く行かないことが多い。__

⬇

「失敗するな」という発言の帰結

➢ __チャレンジしない__

➢ __失敗を報告しない__

➢ __不祥事が発生しうる__

ぜなぜ分析」は、「なぜ？」という問いを論理的に積み重ねることで問題やトラブルが発生した原因を掘り下げ、有効な対応策を導き出す。ワイガヤ同様、自動車等の製造産業の生産現場で総合的な品質管理の一環として始められ、利用者の声からニーズを探るカスタマーセンターや業務改革を手がけるシステム関連など製造部門以外にも浸透していった。これを JA における事務ミスの再発・未然防止に応用しようというわけである。

　一方、②「失敗学」とは、事故や失敗が発生した原因を解明し、経済的な打撃をもたらしたり、人命に関わるような重大な事故や失敗を未然に防ぐ方策を追求する学問である[18]。人間がミスを犯す存在であることはいたしかたなく、むしろ起きたことに対処することが重要である。特に、環境変化が激しいなかにあっては、新たな取り組みが必要となる。新しいことに取り組む際には「失敗」は避けられない。また、人間が事務を行う以上、事務ミス等の失敗や間違いをゼロにすることも現実的には不可能である。失敗を避けるのではなく、小さな失敗のうちに修正していくという姿勢が大事である。

　なおこの局面でも、他の「対話」の技術は役立つ。たとえば「なぜ」という問いから個々人の意見を導き出すにはコーチング、議論を発展させるにはファシリテーションが役立つ。加えて、議論を整理するには、クリティカルシンキングも有益である。このクリティカルシンキングとは「課題を特定して、適切に分析することによって最適解に辿り着くための思考方法」を指す。人は、論理的にモノゴトを考えているつもりでも、実際にはそうではない。特に、日常業務のほとんどは経験や知識を一般化した法則、ＪＡ

※18　畑村洋太郎氏が『失敗学のすすめ』(2005 年 4 月、講談社) 等で提唱し、特定非営利活動法人・失敗学会が設立されている。

ではルールに基づき深く考えずに行う。論理的にモノゴトを考えていては時間ばかりかかるため、こうした対応は、ある程度まで有効かつ合理的である。一方で、つねに法則を信じていては発展が望めない。必要に応じて、ルールの合理性について検証のため「なぜ」を繰り返す必要があるが、的確な「問い」を探すことは意外とむずかしい。このため、誰かがクリティカルシンキングの技法を学んでいると「ワイガヤ分析」を進めやすい。

2. ワイガヤ分析の活用方法

(1) ワイガヤ分析と PDCA

　ワイガヤ分析は、どういった枠組みの中で使えば有効か。よく知られたマネジメント手法の枠組みの一つである、いわゆるPDCA（Plan、Do、Check、Action）のなかで用いるのが一層効果的だろう。PDCA の重要性は様々な局面で指摘される。しかしながら、実際に PDCA を通じて、対応を考えて、小さく・素早く解決策を実践している ＪＡは多くない。単に言葉だけが独り歩きし、偽の PDCA を回している先すらある。

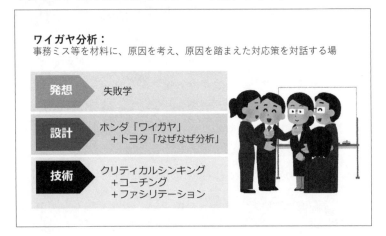

ワイガヤ分析：
事務ミス等を材料に、原因を考え、原因を踏まえた対応策を対話する場

発想	失敗学
設計	ホンダ「ワイガヤ」 ＋トヨタ「なぜなぜ分析」
技術	クリティカルシンキング ＋コーチング ＋ファシリテーション

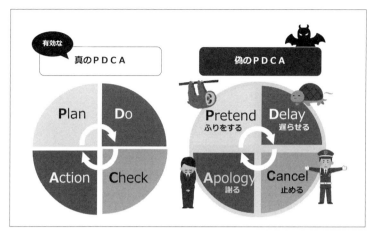

　ＪＡで、真にPDCAを活用するには、事務ミス報告や苦情報告を起点にしたCheckに改善の余地がありそうである。ＪＡの現場で事務ミスが発生したり、監査などで不備が発見されると再発防止に向けた対応策を含む報告書が作成される。しかし、対応策作りがうまくいっていないことに出くわす。多くは対処療法にとどまっているし、ひどい場合には特定個人の叱責に用いられている。これらは、PDCAサイクルにおけるCheckが不十分な状況と総括できるが、いくつかに分類できる。まずは、この整理から始めよう。

　なお、ここでは、事務ミス報告等があることを前提とするが、事務ミスがないと主張するＪＡもいる。私の経験からは、これは事務ミスが隠され「事務ミス報告が上がってこない」という、より本質的な問題があると考えるべきであり、こうした場合への対処は、後ほど「心理的安全性」の箇所で整理する。

(2) PDCAがうまくいかない理由

　事務ミス報告には、①原因の検証抜きに、外部研修での学びや

他ＪＡでの例をもとに対応策だけが導入されることがある。このほか、②原因として「周知徹底不足」といった、（私から見ると、）物足りない記述や③「認識不足」といった個人的な事情に着目したものも該当する。こうした報告書では、原因分析できておらずPDCAは機能しない。

まず、①他ＪＡで用いられた対応策がうまく行かないのは、不備の原因に応じた対応策になっていないからである。他ＪＡで有効であっても、不備の背景となる事情が違うと導入すべき対応策は異なる。それにも関わらず、原因抜きに対応策を用いたのでは、効果的でないのみならず、手間ばかりが増えることになりかねない。

次に、②周知徹底不足は、実際の理由を考えていない表面的な対応策になりがちである。なぜなら、ルールについては、すでに規程類の通知で「周知」されているのが通常だからである。むしろ、周知徹底が対応策として記述されるのは、事務ミスが起きた事実をもって、周知徹底されていなかったという理由を導き出しているに過ぎないケースが多い。有り体にいえば、実際には原因分析されていない。結果として、同じような通知が行われるだけである。検討すべきは、従来の周知方法では効果がなかった点に関する、より具体的な理由を踏まえて、別の通知方法がないかとか通知以外の周知の方策がないかを考える必要がある。

さらに、③「属人的なもの」を原因とする場合も、再発防止につながらない。たとえば、「認識不足」や「重要性に対する認識の欠如」は、理由として漠然とし過ぎている。もし、こうした事情が原因なら、つねに事務ミスは発生するはずである。事務ミスが発生した背景をより深く探るべきである。また、担当者の「不注意」や「不慣れ」だけを原因として上げることも、再発防止の

観点からは適当ではない。不注意や不慣れが一つの要因であることは否定しないが、内部統制が機能している状況では、担当者一人の要因が最終的に事務ミスにつながらないようになっている必要があるからである。

表現	不適切な理由	対応
周知徹底不足	周知がなされているのが通常	具体的な伝達方法の欠陥を分析
認識不足	認識があるのが通常	認識不足の対象を具体化
不注意	不注意だけで事務ミスは生じない	不注意の背景状況を確認
不慣れ	特定個人だけに帰責している	不慣れな職員の支援体制を確認

(3) C から始まる PDCA の必要性

　上記のとおり、PDCA がうまく行かないのは、原因、言い換えれば Check が不十分な場合である。ＪＡバンクでは、統一された手続きがあり、ルール等の導入（Plan）は相応に確立している。また、このルールを「記憶」して実施すること（Do）にも注力されている。反面、原因を踏まえて（Check）、対応策を講ずる（Action）の段階には不慣れなようである。Check を起点に、様々な原因を想像したうえで、調査し、必要な対応策を取る流れを強化する必要がある。

　言い換えれば、ＪＡが取り組んできた Plan と Do の強化の効果は薄くなってきているように見受けられる。いくらルールを作っても「記憶」には限界があり、完璧な実施は不可能である。この点、「ワイガヤ」は従来のような「記憶」ではなく、失敗をもとにした原因分析をもとに（Check）、自発的な「理解」や「納得」を目指す。こうした「理解」や「納得」が進めば、事務ミスの再発・未然防止策として定着が進む。さらには必要に応じて、新たな対

応（Action）も検討されうる。ある程度、Plan と Do が確立したＪＡこそ、Check を起点とした PDCA を強化する必要がある。

　繰り返しになるが、Check の強化に際して留意すべきは、事務ミスの原因を特定個人だけに求めないことである。もちろん、個々人が事務ミスを起こさないように、経験や知識の獲得を通じて、業務の遂行能力を高めることは大切である。ただし、これは個人の能力向上であって、内部統制が直接的に目指すべきものではない。「ワイガヤ分析」が目指すのは、人間が業務を行う以上、こうした失敗や間違いは避けられないことを前提に、「なぜ失敗や間違いが発生したのか？」という Check を起点に、別の人間が似た局面で同じような失敗や間違いを発生させないことにある。

３．ワイガヤ分析の具体例

(1) 具体例

　まずは具体例を示しながら「ワイガヤ分析」の方法を説明していこう。「ワイガヤ分析」でも一般的な「ワイガヤ」と同様、４－６人のメンバーが白板の前に集まり、自由にワキアイアイと「対話」する。対話の結果として、原因に即して、具体的な対応策を導き出すことが直接的な目的となる。

　具体的な手順としては、この集まったメンバーの中から議長と書紀を決定し、①議長が不備の原因である「なぜ」に関する意見を促す一方、書記は出てきた意見を簡潔に書く。さらに、②その理由を複数考えながら、「深堀り」した後（深堀りの方法は後述）、③対応策の検討にいたる。この手順を踏めば、対応策は原因を踏まえたものとなる。「機密データの漏洩」を例に、でき上がった「ワイガヤ分析」を示すと以下のようになる。

　ここで用いたのは「機密データの漏洩」だが、出発点は、より

具体的に「渉外担当者が、支店長管理の顧客 X 一家の機密データを他顧客 Y に当該顧客データと共に共有」したという「不備事象」とする（不備事象の適切な記述は第4章で扱う）。この不備事象について、①問題を引き起こしている原因を数多くあげた後（下表では、原因1と2が該当）、②「なぜ」と問うて、原因の背景をさらに探り（同、深堀り1の四つが該当）、必要に応じて、さらに「なぜ」を問いながら枝分かれさせる（同、深堀り2の上から一つ目と二つ目が該当）。そのうえで、③最終的に、原因の数に応じた具体的な対応策を導き出す（同、対応策 a) 〜 e)）。書き方は、表のとおり、異なる理由の追加は縦方向、理由の「深堀り」は横に広げていく方がよいだろう。大事なことは、不備から対応策を直接導くのではなく、理由に応じた「対応策」を検討することである。

　この「ワイガヤ分析」には、いくつかの手順とコツがあり、これらを意識せずに実施すると混乱することがある。特に、「なぜ」

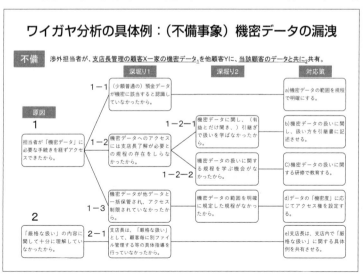

51

は気をつけて使わないと、問題が解決できなかったり、解決したような気になってしまうことも生じる。「なぜ」という言葉が非難のニュアンスを伝えることがあるため、真の問題解決にならないどころか、犯人探しや個人に責任を押し付けるだけで終わってしまうことすらある。以下 (2) では、そうした犯人探しなどにつながらないような、「ワイガヤ分析」の手順とコツを、より具体的に紹介していく。

(2) ワイガヤ分析の手順とコツ

　ワイガヤ分析では、事務ミス等の不備事象（以下、事務ミス）をもとに話し合う。ワイガヤ分析を活用する局面としては、①実際に事務ミスが発生した支店等の現場で、その事務ミスに関して行う場合（「事務ミス報告書」を作成する段階）と、②他の支店等を含めて、「事務ミス報告書」を基に行う場合と二つがありうる。導入の順序としては、②を研修形式で行った後、①事務ミス報告書作成に実際に活用していくことが適当だろう。

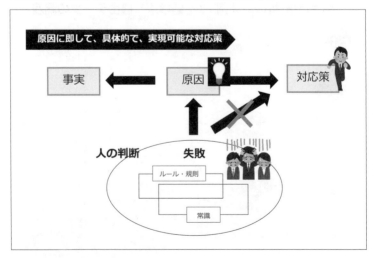

52

　なお、いずれの場合も、(a) 事務ミスの内容を具体化するための事実の明確化や、(b) 対象とすべきか否かの分析をあらかじめ行った方が、ワイガヤ分析の効果は上がる。ただし、こうした (a) 明確化や (b) 分析の意義や方法は、ワイガヤ分析をまずは実践して原因分析の意義を感じた後の方が理解しやすい。このため、両者は次章で触れることとし、②発生した事務ミスにかかる報告書を出発点にワイガヤ分析を、どう行うかを示したい。

①事務ミスの様々な原因を考える（表中の「原因」段階）

　ワイガヤ分析では、「なぜ」、その事務ミスが発生したのか、「現実にありうる」原因を漏れなく上げることが出発点となる[19]。このため、参加者には不備事象を簡単に整理したうえで、ありうる様々な原因を考えてもらう。その際、「原因を特定しよう」とか、「正解を出そう」とするよりは、「思い付き」でいいので、様々な可能性を考えた方がよい[20]。ただし、次のような点を意識することは大切である。

コツ①：「なぜ？」の視点を行動の背景となる仕組みや状況に向ける（個人に向けない）

　原因を考える際には、仕組みを改善する視点を持つ必要がある。なぜなら、問題を個人の問題にすると内部統制的な解決にはつながりにくいためである。もちろん、個人の力量向上は人材育成面

※19　様々な理由を考えるうえでは、原因としてあり得る枠組みを予め整理のうえ、その枠組みに沿って分析する方法もある。枠組み分析には多くの利点があり、特に、検証段階では有効である。一方で、①枠組みに囚われて現実に即した発想が出にくくなる、②枠組みを埋めることに関心が向くと時間がかかり過ぎるといった難点もあり、事務ミスの原因を考える際に枠組みを用いることを筆者はお勧めしない。

※20　様々な可能性を自由に考えることは、他の事務ミスの防止の観点から意義があるが、「楽しい」ものになる点も強調しておきたい。とかく「内部統制」は面倒で難しく捉えられがちだが、ワイワイガヤガヤ楽しんでこそ、内部統制は身に着くのではあるまいか。

で大切な課題である。しかし、内部統制の観点からは、誰がどんな時にも失敗しないような手順を考える方が、一層、重要である。そのためには、仕組みや方法を改善する必要がある。ポイントは「なぜ、そうしたのか？」ではなく、「何が、それを可能にしたのか？」といった形で、主語を仕組みにして意識を向けることになる。

コツ①の例

仕組みを改善する視点を持つとは、先ほどの「渉外担当者が、①支店長管理の顧客 X 一家の機密データを他顧客 Y に、②当該顧客データと共に共有」であれば「なにが」または「どういう状況で」A さんの①機密データ入手が可能になったのか？、②その共有が可能になったのか？と言い換えることになる。

この場合、①何が可能にしたのかは、「機密データに簡単にアクセスできたから」とか、②「『厳格な扱い』の具体的内容に関して十分に理解していなかったから」ということになる。

同様に、三つ目の理由としては、他の顧客の情報が共有できたのかは「個人別に情報管理を行っていない状況だったから」、といった事情も考えられる。こうした理由をまずは多く出すことが出発点となる。

これに対して、「なぜ A さんは情報漏洩漏洩したのか？」とすると、視点は A さん個人に向いてしまいがちなため、避ける必要がある。

逆に、主語を個人にした場合に生じやすい不都合も改めて整理

しておこう。主語を個人にすると、たとえば、「〇〇が、（機密データの重要性に関し）認識（意識）していなかったから」といった理由になりがちである。この表現は、筆者の実感に照らすと漠然としているのみならず、場合によっては間違っている。なぜなら「機密データが重要か否か」を一般的に問えば、重要だと理解していることがほとんどだからである。必要なのは、重要とわかっていたにもかかわらず、「この局面で重要なものとして扱わなかった事情や背景」を考えることである。

コツ②：「差異」を考える

　仕組みに意識を向けるとは、別の角度から整理すると、背景となった事情の差異を考えるということにつながる。具体的には、「事務ミスが発生しなかったとき」と「発生したとき」の状況は「何が違う」のか考えることが有益である。たとえば、誰かの「不注意」が事務ミスの要因だったとしても、①（いつも？）「不注意な」担当者が事務ミスを起こさなかった場合との相違や、②同じ事務において事務ミスを起こさなかった（不注意でない）担当者との相違などを考えることになる。こうした違いが事務ミスの原因に関係していることはしばしばある（こうした差異を考えることは、次の深堀りでも役立つ）。

コツ②の例

　差異を意識するとは、情報漏洩の例で示せば、アクセスできる機密データとの対比で、アクセスできない機密データとは何が違うかを考えるということである。この場合、その差異を考えることで、たとえば必要な手続きを経る必要があるかないかが原因を考える切り口として出てきうる（原因1）。

なお、この差異を意識することは深堀りでも役立つ。たとえば、①「機密データ必要な手続きをせずにアクセスできた」（原因1）ことを深堀りする際に、機密データのなかには「必要な手続きをしないとアクセスできないようになっている」ものがあるとか、②「必要な手続きの存在をしっている者がいる」とか、さらに、それはなぜかを考えることが容易になる。

　ここでも、しばしば事務ミスで整理される理由のうち「周知徹底が足りなかった（周知不足）」が、適当でないことは理解して欲しい。この表現は、事務ミスが生じた結果を言い換えているだけのように感じられる。周知徹底不足といった抽象的な表現ではなく、現場での定着が進むか否かを検討するため、周知徹底の具体的な方法を整理する必要がある。また、差異という観点からはどういった形で伝えた支店や事務において、事務ミスが発生しなかったかという観点から考えることが重要となる。

コツ③：事務の手順や流れを意識して考え、原因を一つに限定しない

　ワイガヤ分析を進める際には、原因に漏れがないよう様々な角度から考えることが重要である。原因は一つとは限らない。なぜなら、内部統制は一つひとつのミスが全体の不備につながらないような仕組みとなっている必要があるからあでる。

　具体的には、不備が発生するにいたった手順や流れ（順序）を踏まえて考えることとなる。たとえば、担当者がある行動を起こす／起こさない前には、何か判断をしている。また、その判断をするためには、判断の根拠となる知識が必要である。要は、どの段階で問題があって、できなかったのか、という理由を考えるこ

とである。さらに、担当者の処理以降の事務手順や関与者毎にわけて考える必要もある。そのうえで、原因となる複数の要素を一つにまとめてしまわないことも大切である。

コツ③の例

　原因を一つに限定せずに手順を踏んで考えるとは、情報漏洩の例では、次のようになる。

　渉外担当者が、①支店長管理の顧客 X 一家の機密データを他顧客 Y に、②当該顧客データと共に共有した場合、事務ミスに直接つながった共有に求め、「うっかり」とか「不慣れ」が理由として指摘されがちである。しかし、事務ミスが生じた過程としては、少なくとも、①機密データの入手と②情報共有の二つの手順がある。理由を一つに限定しないためには、②「うっかり」とか「不慣れ」で共有される前段階の①機密データ管理に問題がなかったかも検討する必要がある。この検討の結果、「必要な手続きを踏まずにアクセス」できたといった理由が考えやすくなる。

　なお②共有の原因として、「厳格な扱いを理解していない」を例示しているが、逆に「うっかり」とか「不慣れ」とかいった主観的な表現も避ける必要がある（深堀りのコツ⑤参照）。主観的な表現では深堀りが行いにくいからである。むしろ、担当者が取得した機密データについて「厳格に」取り扱わなかったことの原因の一つとして、「厳格に扱う」ということについて、どういう理解だったのか、どの段階で、どういった取扱いが「厳格にになる」のかを考える必要が出てくる。

ここでも留意点として指摘したいのは、「担当者の不慣れ」だけを理由にしないことである。たとえば、担当者が何らかの原因でミスをしたとしても、その上席がミスを見抜けなかったことは検討対象になりうる。このほかにも、信用や共済業務ではいくつかの検証手順や体制があるはずで、この検証体制をすり抜けた理由も考える必要がある。

②深堀り

　原因を複数あげたら、その各々について「なぜ」を繰り返す。この場合、各々の原因についても複数の理由がありうるので、さらに枝分かれしながら（異なる理由は縦方向に書いていく）、より具体的な理由を考えていく（横方向に記述していく）。これを「深堀り」と称する（51頁表の深堀り1〜2参照）。

　この深堀りは、対応策が「自ず」と出るまで繰り返す必要がある。この点、「なぜ」を繰り返すことで業務改善で成果を出してきたトヨタ関係者は、「一つの事象に対して、五回の「なぜ」をぶつけてみたことはあるだろうか。言うはやさしいが、行なうはむずかしいことである。五回の「なぜ」を自問自答することによって、ものごとの因果関係とか、その裏にひそむ本当の原因を突きとめることができる」といっている[21]。

　言い換えると、表層的な理由ではなく、真の理由にたどり着く必要がある。5回という回数にこだわる必要はなく、対応策が自ずと出てくる程度まで繰り返せばよい。ただし、次のポイントに留意する必要がある。

コツ④：対応策に飛躍しない

　深堀りを進めるに際しては、知っている対応策に飛躍しないこ

---

[21]　トヨタの原因を踏まえたカイゼンについて扱う書籍も多いが、例えば、トヨタ自動車工業元副社長の大野健一「トヨタ生産方式」参照。

とも重要である。ワイガヤ分析でしばしば生じる失敗の背景の一つとして、対応策を意識するあまり「なぜ」という問いに関して対話を深める前に、「答え」＝対応策に飛躍していることがある。典型的には、理由を深堀りせずに「研修」などというありがちな対応策に飛びつかない、ということになる。深堀りでは、直近の「なぜ」に対して「答え」がつながるかを確認しながら行う。この場合、前段階で出ている原因の一つひとつの言葉に着目した「なぜ」を問うのが有効である。

コツ④を用いた深堀りの例

　たとえば、「担当者が「機密データ」に必要な手続きを経ずにアクセスできたから」（表中「原因」の1）について「対応策に飛躍しない」とは、「必要な手続きを経ていない」から「手続きの研修」といったすでに頭の中にある対応策に飛ばないということである。その前に「必要な手続き」を経なかったのはなぜかを考える必要がある。具体的には、次のような様々な場合があり得るので、研修だけにかかわらず、ていねいに理由をさかのぼる必要がある。

　・仮に、手続きを経なかった理由が「預金データが機密に該当すると理解していなかった」（表中「深堀り①」の1-1）であれば、対応すべきは「手続き」ではなく、機密データの範囲の明確化になる（表中「深堀り①」の1-1～対応策a)の流れ）。

　・一方、「規程の存在を知らなかったから」（表中「深堀り①」の1-2）であれば、知らなかった理由をさらに考える。そのうえで「（研修ではなく、前任から伝えられるべき）引継ぎで学ばなかったこと」が理由（表中「深堀り②」の1-2

－1）だとしたら、対応策は「引継書に記述させる」方が適切である（対応策b))。

　逆に、「手続きの研修」が有効となるのは、理由として「機密データの取り扱いに関する規程を学ぶ機会がなかった」場合（表中「深堀り②」の1－2－2～対応策c))だけである。なお、研修にしても知らなかったのが一部の人か全員か、その理由によって研修の内容を工夫する必要もある。

コツ⑤：原因を具体的に表現する

　理由を深堀りするには事実を表現しなければならない。この点、原因の記述に際して、状況を結果から評価した抽象的な表現が用いられやすい傾向がある。たとえば、管理不十分・不徹底、牽制機能不全といった評価をともなった言葉である。管理不十分という表現には、①管理していなかった、②管理できなかった、③管理しづらかったという局面が含まれ、多義的である。また、不徹底や牽制機能不全という言葉は、望んでいた成果がえられなかった場合に、その状況をもたらした背景を漠然と指すものとして使われる。こうした意味に幅がある表現はなるべく避ける必要がある。さらには、主観的な表現もあいまいになりがちである。主観的な表現の背後にある評価の基となった事実も踏まえて整理する必要がある。

コツ⑤を用いた深堀りの例

　コツ⑤に基づけば、「機密データ…にアクセスできたから」から「機密データの管理が不十分」だったという理由を導か

ないということになる。

　不十分という言葉は抽象的な表現のため、対応策も「機密データを十分に管理する」といった程度にしか深められない。それよりは、不十分の内容として、より具体的に「アクセス権限されていなかった」（表中「深堀①」の1－3）と掘り下げていけば、アクセス権限の設定といった具体的な対応策が考えやすくなる（対応策 d)）。

　また、主観的な表現とは機密データの管理が「甘い」とか「緩い」とかいったものである。こうした主観的な評価の背後には、何らかの基準がある筈である。その基準を踏まえた記述とする必要がある。

コツ⑥：「筋のよい」仮説をたてる

　ワイガヤ分析では、全体的に「仮説」を立てながら検討することも大切である。なぜなら、「仮説」抜きには原因の調査ができないからである。事務ミスが発生した場合、多くの要素が影響している。それらの因果関係をすべて原因として検討していては時間が足りない。このため、これまでの経験に照らして「確からしい」＝「筋の良い」原因を想像したうえで、これを「仮説」として深堀りを続けていく必要がある。

　ワイガヤ分析の目的は、原因と考えられる可能性が相応に高いものに対して対応策を考えることにある。真因の把握が目的ではない。あくまでも、明らかに事実に反することが理由として整理されていなければ、100％正しいと言い切れるものでなくても構わない。そうした「気楽」な気持ちで原因を考える方が、真の原因につながることが多い。

また、仮に現に対話している事務ミスの真の原因でなくても、他の事務ミスで原因となりうることにもつながる（後述の第5章1．(1) ルールの趣旨の理解参照）。このため、明らかに事実に反することでなければ対話する意味はある。

コツ⑥を用いた深堀りの例

たとえば、「担当者が「機密データ」に必要な手続きを経ずにアクセスできたから」という原因について、筋のよい仮説を立てるとは、「アクセスできた」背景は、「アクセス権限に課題があったのではないか」と想像することである。そのうえで課題の有無は、実際にアクセス権限を調べて判断する。逆に、たとえば、「アクセス者が上司のパソコンを用いて入手したのではないか」などと考えるのは筋が悪い。上司のパソコンにアクセスできる機会は多くないのが通常であるし、仮に、機会が多いとしたらより大きな問題・様々な問題が起きている筈だからである。

この「筋の良さ」は、多分に感覚的だが「常識的（普通、当たり前）」にあることかどうかといった目線が重要かもしれない。さらには「気楽」に対話して様々な意見を出すことは好ましいが、ふざけた意見では困るという言い方でもよいかもしれない。

---

③原因に即して対応策を策定

上記に沿って原因分析が行えれば、自ずと対応策は出てくる。対応策が自ずと出てこないようでは、深堀りが足りないか、どこ

かで「対話」の方向性を間違えているということである。

　なお、「なぜ」に行き詰まったら「どうすればよいか？」と思い付いた対応策を書いたうえで、その対応策がもたらす効果から原因に遡るのも一つの有効なやり方である。すなわち、「どうすればよいか？」を質問することで対応策のアイデアが浮かび、対応策が有効となるには、どういった事情が必要かと考えれば、原因にたどり着くことがあるからである。逆に、コツ④で述べたことが実現できているかも、さかのぼることで検証できる。

　なお、ここでの対応策の基になる原因は、あくまでも暫定的なもの（仮説）であって、対応策実施の前にはまったく原因になりえないもの＝「事実に反するもの」は排除する必要がある。一方で、真に原因か否かの精査までは必要ではない。なぜなら原因を把握することは、あくまでも再発防止のための手段に過ぎないためである。言い換えると、明確な原因がなくても事務改善につながる何らかの気付きがあれば良いし、同じ事務ミスが発生しなければ良いわけである。確からしい原因を踏まえた対応策を実施し、事態が改善すればそれで充分であるし、改善しなければ改めて検討する。そうした仮説に基づき素早くPDCAを回す姿勢が重要である。

対応策策定の例

　機密データにアクセスした渉外担当者による事務ミスの背景として、上記二つを例に取ると、その深堀りは、以下のようになる。

・渉外担当者が「機密データ」に必要な手続きを経ずにアクセスできたから（原因1）。

⇒機密データが他データとともに一括保管され、アクセス権が制限されていなかったから(表中の深堀り1の1－3)。

⇒機密データに対するアクセス権を、(規程に沿って、)制限する(同、対応策のd))。

・機密データについて、「厳格な扱い」の内容について十分に理解していなかったから(表中の原因2)。

⇒本部指導部署は、渉外担当になった者に対して、機密データの扱いに関して「厳格に行う」とのみ指示し、支店長を通じて、個別に別ファイルを管理する情報管理を行う」といった具体的指導を行っていなかったから(同、深堀り1の2－1)。

⇒(具体的な指導を行っていない)支店長に対して「機密データを扱う際には、個別毎に別ファイルで管理する」といった具体例を共有させる(同、対応策のe))。なおそのために、本部として、実施していない支店長を洗い出し説明用資料を用意するといった支援が必要である。

第4章　より効果的な対話に向けた応用課題

　第2・3章では、「ワイガヤ」「ワイガヤ分析」を経験したことのない方を想定して、方法や具体例などを整理した。うち、第3章で示した「ワイガヤ分析」は、①原因分析から②その深堀りにいたる部分で特に有効であり、この部分がうまく行えれば③対応策は自ずとでき上がる。「ワイガヤ分析」により「原因に即して具体的な対応策」を検討する姿勢は、他JAの単なる模倣より進んだ対応であり、実現できれば対応策の実効性も高いという効果がある。そうした有効な対応策に加えて、重要な副次的な効果もある。本章では、この点をまず紹介したい。

　一方で、「ワイガヤ分析」を続けていくと、より効果的な「対話」ができないか疑問が出てくる。当初は、参加者が不慣れなためであるはずだが、慣れてきたにも関わらずうまくいかないとすると、「ワイガヤ分析」の現場で解決できない課題がある可能性がある。この課題は三つに整理できる。「ワイガヤ分析」を一段と効果的とするには、こうした応用課題ともいうべき三課題への対処が必要となる。副次的効果の次には、応用課題への対処を扱いたい。

1．ワイガヤ分析の副次的効果

　ワイガヤ分析では、事務ミス報告のボトムアップ（現場）での検討を通じて、原因に即した具体的な対応策を考えることが第一義的な目的となる。さらに、この「対話」を通じて、①規程の趣

旨の理解、②コミュニケーションの改善などの素朴な解決策の気付き、③納得感と共感力の向上といった効果も期待できる。

　また、これまで対象としたのは事務ミス報告だったが、苦情報告でも原因を同様の成果はえられる。苦情報告の例も取り上げながら、「ワイガヤ分析」の三つの効果と、そこから付随して期待される④顧客満足の向上　―営業戦略面での好影響―　を紹介しよう。

(1) ルールの趣旨の理解
　「ワイガヤ分析」は、事務規程やマニュアルなどのルールの理解を深めるきっかけとなる。事務ミス発生の原因の一つとして、しばしば、規程通りに事務を行っていなかったことがあげられる。この場合、何が規程に書かれているか、「ワイガヤ分析」を通じて確認することで「規程は、どんな観点から事務ミスを防止しようとしているか」が明らかになる。こうした具体的な局面で規程の趣旨が確認できると理解が深まる。

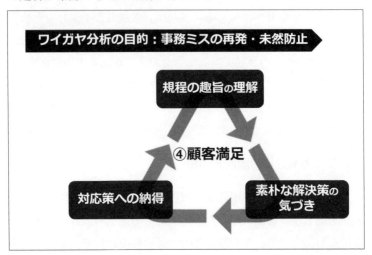

　もちろん、事務担当者があらかじめルールの趣旨を理解していることが理想ではある。しかし、膨大なルールのすべての趣旨を理解していることは現実的ではない。むしろ、守れずに失敗したルールについて「ワイガヤ分析」を行うことで、その趣旨を確認することが現実的である。また、対話においては、異なる事務との比較などを通じて、他のルールの趣旨の理解が深まることもある。言い換えれば、ルールの趣旨が「腹落ち」し納得する。こうしてえられた理解は、他の事務ミス防止に役立つ。

　このルールに納得した状態は単なる記憶とは異なる。ルールが腹落ちしていると、顧客の事情に応じた一段と踏み込んだ対応ができるようになる。いわば、目の前の顧客に応じた対応も可能ともなる筈である。

苦情を通じた「ルールの趣旨の理解」実例：代筆禁止への対応

（あるＪＡでの苦情例）

　顧客が定期貯金の解約に来店。解約申込書に氏名、定期貯金の詳細等の記入の後、急ぎの用件があるとのことで帰宅。その後の処理で、振込先の記入がないことに気付き、電話で確認したところ、当該顧客が経営する会社名義「当座口座」へ急ぎ振り込んで欲しいとの指示であった。当該指示にそって補記のうえ、入金処理を行った。しかしながら、後日、顧客より「当座口座ではなく普通口座に振り込んで欲しかった」との苦情を受けた。

（ワイガヤ分析の結論）

　苦情の原因（の一つ）は、顧客要望を踏まえた、職員の推測による処理。具体的には、職員は「払戻請求書等の顧客記入欄は、顧客本人による自書を依頼し、事務手続きに定めの

ない限り、能力職員が代理作成、代筆および修正をしてはならない」とは記憶していた。しかし、急ぎの処理依頼であり主要な事項は書かれていて、口頭の指示に基づく補記は問題ないと判断をした。かつ補記程度であれば「事務手続きに定めがある場合」と推測した。

こうした理由を踏まえた望ましい対応策は、①推測に基づかず事務規程を確認すること、②再度の来店を依頼し記入してもらうこと、との意見が出たが、対話を継続。結果として、代筆禁止の趣旨が「顧客の意図」を正確に理解し、後のトラブルを防止することにあるとの「納得」が得られ、こうした対応策以外に「急ぎ」の対応との顧客要望に応じることができないかという観点から、「ワイガヤ分析」を続きた。

最終的には顧客の意図の正確な理解のためには（勘違い防止のため）、複数人で確認する、先方の記憶違いに対処するため録音する、といった対応もありうるのではないかとの意見が出た。

(2) 素朴な解決策（コミュニケーションの向上等）の気付き

ワイガヤ分析で、異なる担当部署間でお互いの事務の理解が進むと、ルール外の素朴な対応策、典型的にはコミュニケーションの向上などが有効との結論がえられることもある。事務の現場では、事務の担当者の各々が規程通りに事務を行っていても、担当者が変わる過程で、コミュニケーションがうまく行かずに処理が後回しになり、事務ミスにつながったということがしばしば見受けられる。たとえば「急ぎの処理」だとか、「後日付の処理だから」気を付けて欲しいといった、次の事務処理者に対して「声掛

け」せずに後続事務に回したことが、期限に間に合わず事務ミスにつながった場合などである。

　この場合、ルール通りに事務を行っていないというよりは、ルールを超えて、状況を踏まえた臨機応変な対応が必要な場合といった方がよいだろう。一般的・標準的な場合を既述すべきルールにおいて、すべての場合を定めることは現実的ではなく、現場でのちょっとした「気付き」に基づく対応は重要である。異なる担当部署の人が「ワイガヤ分析」を行うことを通じて「気付き」が事務ミス防止に役立つことを確認し、ＪＡが内で共有していく。コミュニケーションの重要性を一般的に指摘するのではなく、より具体的な場で気付きとして共有するきっかけとなるわけである。

　また、素朴な解決策に気付くには、規程の前提を理解する必要がある。規程の前提が崩れている折には、規程にそった対応ではなく、異なった対応策が必要となる。ワイガヤ分析を通じて、素朴だがより実践的な対応を現場レベルで考えることも期待される。

苦情を通じた「異なる解決策の気付き」実例：<u>災害時の払戻し</u>
（あるＪＡでの苦情例）
　　天候不順で罹災した組合員が何も持たず近隣のＪＡ店頭に来店し、当座の生活資金として自己名義の口座から 10 万円の出金を依頼。しかしながら、（非常時措置は発動されておらず）、規程に沿って出金には「通帳と印鑑」が必要と判断した店舗職員が出金を拒絶。当該顧客は、よく知る本店役員に電話で苦情を申し入れた。
（ワイガヤ分析の結論）

この場合、出金に「通帳と印鑑」を求めた職員の対応は一般的にはルール通りで問題ないことをまず確認。しかしながら、支店は、罹災地域では「通帳と印鑑」が持ち出せる状況ではないことを把握。そうした状況で現金が必要なことも容易に想像でき、「記述されたルール通りの対応が本当に正しいか」、原因は「非常時のルールがないことが原因ではないか」を巡って「対話」が続いた。

この結果、「通帳と印鑑」が求めうる局面と考えられない以上「ルールどおりに対応すべきではない」との意見になったうえで、後日、払戻しの事実を巡って係争となることを避けるべく、①本人確認を厳格に行いつつ（たとえば、免許証や当人をよく知る本部役員との電話による確認等）、②出金の根拠として所定の「払戻請求書」に面前で拇印を押してもらえれば、問題ないのではないかとの意見が出た。

(3) 納得感ある対応策づくり

ワイガヤ分析での主な狙いは対応策の導入である。ここで導入された対応策は、自らが検討した結果だから従来と異なり、現場での実感にあっている。このため、対応策の合理性や必要性は理解されており、納得感も強いものとなることが期待される。

また、(2) でも触れた通り、ルールは一定の前提のもとでの一般的・標準的な方法を示したものである。このため、一定の前提が満たされなければ、異なる事務の方法は許容されてしかるべきである。さらには、一般的・標準的な方法が合理的でない特別な顧客もいるはずである。その場合、当該顧客との関係強化の必要性も踏まえて、現場のアイデアをもとに新たなルールを策定する

ことは否定されるべきものではない。

　加えて、ある局面で検討した原因が、別の局面でも原因であることがしばしばあり、そのことが頭にあれば、別の局面（未然防止の局面）での対応に役立つことも期待される。

苦情を通じた「納得感ある対応策づくり」実例：<u>有高確認の特殊ルール</u>

（あるＪＡでの苦情例）

　近所の寺社は、年間で特定の期日の参拝客が多く、当該日の貨幣による賽銭の管理が課題となっている。ＪＡバンクルールでは、顧客の面前での有高確認が求められており、多額の貨幣の口座入金のために来店した際には、入金には長時間の待機が必要となる。この扱いに対して苦情があった。

（ワイガヤ分析での議論）

　有高確認は、後続事務で受領した金額と顧客が入金書面で示した認識が一致した際のトラブルを防止する観点から（少額現金の持ち込みを想定して）、入金に対する一般的・標準的な処理を定めたものと確認。逆に、多額現金については、当該ルールの適用は適当ではないとの見解になったうえで、迅速な処理と金額相違に伴うトラブルを防止する観点から、①当日は寺社側の申し入れ金額により入金処理を行い、②その際、賽銭は寺社側で封緘された袋にて預かる、③後日、寺社とＪＡとで立ち合いのもとで封緘を開封のうえで金額を確認し、④相違額は、別途、処理するルールの導入について検討する、との意見が出た。

---

(4) 内部統制強化を通じた利用者満足の向上

　これまで、ボトムアップの経営手法が、一段と重要になることには触れてきた。「ワイガヤ分析」では、特定の事務ミスに対して、素早く仮説を立てて対応策を導入し、その仮説が間違っていれば修正した別の対応策を導入する姿勢が重要となる（迅速なPDCA の実行）。こうした姿勢を通じて、現場レベルで事務ミスや苦情を契機に、規程の趣旨のみならず、前提や限界をも理解することは、従来型の指揮命令による経営管理を補完するものとして有益だろう。

　加えて、ルール実施にとどまらず、目の前にいる顧客に寄り添った対応ができるようになることも期待される。ＪＡでは、これまで統一事務手続きをもとに、一般的・標準的な事務の方法を本部（上）から導入すること（Plan や Do）に力点がおかれていた。こうした対応が、これまで必要だったことに疑いはない。

　ただし、それだけでは物足りない。ＪＡの場合、顧客や顧客の関係者に関する多様かつ大量の情報が優位性の源泉であることにも触れた。こうした優位性を踏まえ、特殊な状況や特別な顧客に対しては、同じ機能のサービスでも提供の仕方を変えることを考えるべきだろう。この起点となりうるのは苦情の原因の検討（Check）である。そのうえで、顧客の状況に応じた、柔軟な対応（Action）こそ「ＪＡらしい」信用事業の一つのあり方ではないかと思う。(1) ～ (3) で示した実例は、まさにそうした対応の具体例である。

２．より進んだ対話に向けた応用課題

　本章の冒頭でも示したとおり、個別ＪＡで「ワイガヤ分析」の研修を行い、参加者が慣れてくると、研修の場だけでは解決でき

ない三つの応用課題に気付くことがある。具体的には、①現場レベル（管理者レベル）で事務ミス報告の事実関係の整理が不十分、②本部レベル（内部統制レベル）で適切な事務ミスを選び出す仕組みが不十分、もしくは③ＪＡ全体（ガバナンス）で「信頼感が欠けている」である。「ワイガヤ分析」を一段と効果的にするには、この三つの不足に対処する必要がある。このうちの②と③は、「ワイガヤ」にも共通する課題である。

(1) 準備不足への対処：支店長による事務ミス報告書の改善

　原因分析をうまく行うには、その前段階で、不備に関する事実を「適切に」表現する必要がある。つまり、事務ミス報告書などに書かれている曖昧な記述を、①主体を中心に②明確かつ③具体的なものとして整理することが前提となる。この整理は、ワイガヤ分析の前に現場の統括を行う支店長など、事務を俯瞰的にみる立場の方が行うことが望ましい。しかし、ＪＡの多くの事務ミス報告書は、明確かつ具体的ではない例が多いように見受けられる。この場合、支店長に対して事務ミス報告書の記述に関する研修が

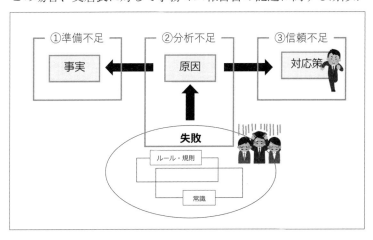

望ましい。

　なぜ、支店長が対処する必要があるか。支店長からすると忙しいなか、事務ミス報告などに時間は掛けられないということかもしれない。しかし、事務ミス報告書を通じて事務ミスの再発・未然防止が実現でき、場合によっては顧客満足が高まることは先に示したとおりである。ルールどおりの対応であれば、現場の事務を統括する職員だけで十分である。支店長には、ルールの趣旨や例外を理解したうえで、異なる立場から内部統制に関与してもらいたい。支店長は、「なぜ」という問い（＝分析）と、なぜに応じた「答え」（＝対応策）を考える際の出発点となる事実を明確かつ具体的に表現する立場にふさわしい。

　具体的に支店長に望まれる対応は、不備に関する事実について、適切に表現するため、関係資料（事務手続きや事務処理に用いられた帳票類）に当たりつつ、当該資料に沿って関係者に実際の対応について確認をする必要がある。ポイントは以下の三つである。

ポイント①　主体（部署）を明確にする

　事実を「適切に」表現する際には、まずは、動作の主体を明確にすることが必要である。たとえば、「為替電文が送信されなかった」ではなく、「検証者が、権限者カードを用いて為替電文の送付を行わなかった」と明らかにする。主体を明確にするのは、どんな動作が行われたか、行われなかったかを表現する前提である。主語がハッキリしない表現では、誰がどのように処理すべきであったのに行わなかったのか、逆に、どんな作業を行ったことが事務ミスにつながったのかを検討する際の妨げになる。また、主語が抜けた言葉では、複数の解釈が可能となり、明確化にも反してしまう。もちろん、ワイガヤは責任追及が目的ではないので、個人名までは不要であるが、部署単位・役割単位で主体を明確に

する必要がある。

ポイント②　事象を明確かつ具体的に表現する（事象の明確化）

　「適切」な表現であるためには、他の可能性を排除できるよう、なるべく明確な表現をすることも重要である。たとえば、①「（○○による）為替電文の送信失念」ではなく、②「（○○が）作成済の為替電文の送付を行わなかった」ということである。①「為替電信の送信失念」では失念の対象は、作成そのものか送信かが明確ではない。二つの可能性のいずれか特定できる表現にしないと、事実について複数の捉え方が可能になり、様々な方向に議論が発散してしまうため、分析対象の事務の流れを分解して、どの作業の段階で「失敗」があったのかを絞り込むことが重要である。

　なお、留意すべきは、漢語を中心とする総称的な表現は得てして、抽象的で不明確になりがちであることである。こうした抽象的な表現は、前述の「深堀り」段階で発生することも多いが、できるだけ平仮名で書けるように内容を整理することが大切である。

ポイント③　事象をありのまま表現する（具体的な表現）

　「的確」な表現の最後のポイントは、事実を「ありのまま表現する」ことである。そのためには、事務の流れを観察するなり、思い描くなりして事務作業をわけて整理し、事務ミスにつながった行為または行為しなかったことなど、行動を中心に記述する必要がある。逆に言うと、意識などの見えないものを含めた曖昧で遠まわしな言葉、特に、気持ち等の主観的な表現は避ける必要がある。たとえば、「作成した為替電文の送付を行わなかった」を「うっかりして送付を行わなかった」、「注意不足で送付を失念した」などの主観的な表現を抜きにすることである。このような「うっかり」とか「失念」などの表現には、暗黙のうちに前提となる「正解らしきもの」を意識して記述してしまっている。しか

し、「ワイガヤ」では、この「正解らしきもの」が真に原因かを改めて考えるのが目的である。このため、こうした予断を抜きに「何を」「どうした」のか行動だけに絞って表現する必要がある。

事務ミス報告書の改善例

　「個人情報の漏洩」について、ポイントに沿って、①主語の明確化、②事象の明確化、③具体的な表現を行うと、次のようになる。

（事務ミス表現【例】）

・顧客 X・家族の機密データが他顧客 (Y) に不注意で共有された。

（明確化・具体化後の表現）

・支店の渉外担当者 (①) が、顧客 X・Y の機密データファイル（X・Y の家族全員の JA 預金額）を打ち出して（X ファイル、Y ファイル）、顧客 X と Y を訪問した (②)。担当者は、他顧客 Y 訪問の際に、Y ファイルを用いて家族の状況を踏まえて金融商品を提案し、今後の検討用に Y ファイルを手交。その Y ファイルに（続けて印刷した）X データが記載されていた資料がくっついていたことに気付かなかった (③)。

　上記では、①主語に関する付随的な情報（渉外担当者）、②どのタイミングで、どういう状況で漏洩されたのか（顧客訪問による提案時）、③不注意の具体的な内容（顧客 X の資料が一緒に渡された）、が加わっている。

---

(2) 仕組み不足への対処：第二線・企画部門の分析力の強化

① 自ＪＡによる業務企画力強化の必要性

　「適切に」表現された事務ミス報告書を用いても、いま一つ、議論が深まらない場合もある。この場合は、「ワイガヤ分析」に相応しい事務ミスが「選択」できていないと考えられる。

　「ワイガヤ分析」は、業務中に発生した事務ミスの再発防止や未然防止のために行うものであるが、すべての事務ミスを検討するのは有効でも効率的でない。

　発生した事務ミス等の事案をリスクベース（後述）で分析し、対話の材料として適切なものを選ぶこと、そのための前提として、当該分析を行う部署を置く必要もある。さらには、この部署がワイガヤ分析の結果を踏まえて、自ＪＡにふさわしい業務のやり方を検討することも望ましい。

　こうした分析から検討に関する作業は業務企画と整理できる。しかし、ＪＡバンクでは、画一的な事務手続きの導入に力点が置かれてきた。このため、自ＪＡ独自の対応を検討することは求められてこなかったことように感じる。地域の利用者のニーズにあったサービスを、その地域ＪＡが提供するためには、業務企画力が重要となってくるであろう。

② リスクベース・アプローチと例

　まず、ワイガヤ分析の対象を選択する際には、リスクベースで考えることが有益である。

　リスクベースとは、①頻繁に発生し、②発生した場合に生じうる影響度が高いもの、言い換えるとリスクが高いものを取り上げる考え方である。

　この考え方を適用するには個別の事務ミスを集約のうえ、①頻度（確率）と②潜在的影響度の観点からリスク評価を行ったうえ

で、一定以上のリスクがあるものを選択する必要がある。こうした分析に裏付けられた検討事案の選択能力が必要である。

　リスクベースで考える際には、事務ミス報告書の書き振りに惑わされてはいけない。報告者の力量によっては「渉外担当者の不注意で預金情報が漏洩した」といった漠然とした報告書が上がってくることがある。こうした記述された事実に留まらず、①頻度（確率）の評価では他の事務ミスとの類似点と相違点を明確にしながら、表面的な理由だけでなく背後にある共通の原因を想像する必要がある。

　一方、②影響度の評価では、そのミスから生じた影響だけでなく、その事務ミスがもたらしうる潜在的な影響も勘案する必要がある。

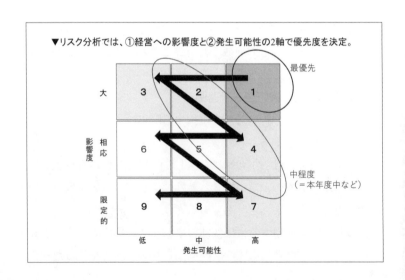

▼リスク分析では、①経営への影響度と②発生可能性の2軸で優先度を決定。

78

③ リスクベースの事例選択の考え方（例）

　たとえば「（カテゴリー）機密データの漏洩：（内容）顧客 X・家族の機密データが他顧客 (Y) に不注意で共有された」が報告されたとする。この機密データ漏洩に関する①頻度と②影響度の評価は、以下のように行うこととなる。

　まず、①頻度・確率の観点からは、(i) ほぼ同一の漏洩事案が発生していないかを確認するとともに、(ii) 類似の事象がないかを調べる。うち、類似性は具体的局面を踏まえる必要がある[22]。

　「（預金データは、個人情報保護規程で、支店長以上が管理するとされているが、）支店監査では、度々、担当者が支店長の許可なく保有している状況が発見されている」といった事情があれば、同様の情報漏洩の一定の確率で生じうると判断する。

　反対に、同じカテゴリー「機密情報の漏洩」でも、「貸付担当者が、支店の新規貸付データ一覧（債務者・債務額を含む）の入った書類封筒を、本店での会議の帰路に立ち寄った喫茶店でおいてきた」というような事案は相対的に類似性が低く、①頻度の観点からは類似性なしと判断することとなる。

　次に②潜在的影響度では、当該事案から生じた直接の影響にとどまらず考える必要がある。

　この事案については「支店長が X さんに謝罪に言ったところ、X さんからは『親戚 Y さんは X 家の状況を良く知っており、わかってしまっても大きな問題ない。渉外担当者も、よく相談に乗ってくれるなかでの失敗だから事を荒らげないで欲しい』と言われた」と報告されていても、内部統制の観点からは見過ごしてはならない。今回はたまたま、問題視しない Y さんだったから良かったが、

※22　どの程度・要素に類似性がある場合に、頻度・確率として考慮するかはケース・バイ・ケースとなるので、本稿では例示に留める。

別のまったく関係ないＺさんに漏れた場合には、支店長の謝罪では済まないかもしれないからである。そうした潜在的な可能性も影響度の評価に含む必要がある。

④ 第二線・事務企画部門の強化

　選択・分析能力の背景として、分析の担当部署がない可能性もある。

　事務ミスの選択はワイガヤ分析の前提であり、ＪＡ全体の事務を統括する立場、いわゆるリスク管理に関する「第二線部署」が実施する必要がある。さらに、この部署は必要に応じて、事務ミスの内容を追加で調査すること（臨店調査）も望ましい。事務ミスが特定の状況で生じた特殊なものなのか、背後に他の支店等でも共通する要素があるのかを、事務ミス報告書だけに頼らず、他の支店等に赴き臨店調査するためである。

　こうした第二線機能が明確でないＪＡは多く見受けられるが、「ワイガヤ分析」の有効活用には、第二線機能を強化する必要がある。

　この第二線機能は、自ＪＡの状況をふまえて、ルールの適切性を判断し改善するものでもある。決められたルールの定着に向けた支店に対する事務指導（本部の事業部が通常実施）とも、ルールの実施状況の確認を行う支店監査（監査部が実施）とも、役割が異なる。

　なお、調査・分析の結果、検討対象としてふさわしい事務ミスについては、適切に表現する必要がある。これは(1)で整理したとおり支店長が対応することが望まれるが、それだけでは十分でないこともある。このため、第二線の支援も期待される。

(3) 信頼感不足への対処：心理的安全性の確保

① 心理的安全性とは何か

　さて、「適切」に記述された事務ミス報告書の中からリスクベースで「ワイガヤ分析」の対象を選択してもうまく行かない場合は、なにが要因だろうか。要因の一つとしては、組織内でいわゆる「心理的安全性」が欠けているためかもしれない。参加者がワイガヤの場に「心理的安全性」が欠けていると感じると「対話」そのものが活発にならず、「ワイガヤ分析」は機能しない。

　最後に、本書全体を通じたメッセージにもなりうる「心理的安全性」の重要性に関して触れておきたい。

　まず「心理的安全性」とは、「チームのメンバーがそれぞれ不安を抱えることなく、自分の考えを自由に発言できたり、行動に移したりできる状態」をいう。

　わかりやすくいえば、「参加メンバーがリラックスした状態で、コミュニケーションを図ることができる」状態である。この概念は、10年以上前に米国の研究者が提唱したが、2000年代にグーグル社が実施したプロジェクト奏功の鍵となる概念として再整理され、改めて高い注目を浴びている。日本でも、農林水産省や金融庁が組織活性化等の観点から、その重要性を指摘している[23]。

　この「心理的安全性」の確保は、金融機関において特に課題となりえる。なぜなら、金融機関では、従来、ノルマとルールのも

※23　例えば、農林水産省「食品製造業における労働力不足克服ビジョン」（平成元年7月）では、労働生産性向上のための1つの方策として、職員のモチベーションを高める取組等のソフト面に焦点を当てて議論した際に、心理的安全性の確保が重要と指摘している。

　金融庁「利用者を中心とした新時代の金融サービス～金融行政のこれまでの実践と今後の方針～（令和元事務年度）」において、金融庁が留意すべき点として、「対話に当たっては、金融機関との間で、心理的安全性を確保することに努める」としている。

とで画一的に事務をこなすことが求められ、現場の創意工夫を活かすことが必ずしも求められてこなかったとも考えられるからである。

いわば「自分の考えを自由に発言したり、行動に移したりする」必要がなく、「心理的安全性」を意識してこなかったわけだ。このため、金融機関では二つのことが起きうる。

一つは、新しいことに挑戦しない姿勢である。

多くの金融機関の職員は、新しいことをして失敗する位なら、従来どおりのやり方で事務を無難にこなす方が望ましいという発想になりがちなことは否めない。こうした状況では、「ワイガヤ」や「ワイガヤ分析」はうまく行かない。こうした状況に対しては、意見を出す姿勢を「ほめる」ということが大切だろう。

さらにひどいケースとしては、「事務ミスを隠す」という行動にもつながる。こうした行動は一時的には問題を表面化させずとも、後になって大きな問題につながりうる。このため、先にも触れた通り、事務ミス報告が上がってこない事態は、事務ミスが隠された深刻な状況ではないかと疑う必要がある。

言い換えれば、「心理的安全性」が確保されているか否かの一つの目安は、一定の確率で発生する事務ミスなどの不都合な情報が速やかに組織内に報告されるか否かにある。仮に、不都合な情報が報告されていないと感じたら、そうした情報の報告者に対して、報告したことそのものは歓迎する姿勢を見せることだろう。「なぜ」や「対応策」は、その後でよい。

② 心理的安全性とＪＡ自己改革

　「心理的安全性」が確保されず組織活性化に向けた「対話」
—ワイガヤやワイガヤ分析—　が行えないのは、従業員の間で、
組織活性化の必要性に関する危機意識が足りなかったり、行動し
ても意味がない、さらにはつぶされるという懸念を抱いている可
能性があるということになる。これでＪＡの自己改革が実現でき
るだろうか。

　ＪＡ自己改革とは、経営者のみならず、ＪＡ職員一人ひとりが
自身の意識・価値観・行動を自分から変えることが必要だろう。

　環境の変化を認識して受け入れ、それに適応する形で自らの意
識や価値観そして行動様式を変える。それがＪＡに求められてい
ることではなかろうか。

　その際、「意識変革」といった主観的・内面の改革は掛け声倒
れになることも多いため、具体的な行動様式の変化の一歩として、
「ワイガヤ」や「ワイガヤ分析」を用いていただきたい。

　ここで、誤解をしていただきたくないのは、「心理的安全性」
が確保された職場は、「やさしい職場」ではないということである。
むしろ、プロ同士の「厳しく強い職場」となる。心理的安全性の
ある状態は、単に「従業員同士が仲のいい状態」や「ざっくばら
んに冗談を言い合えるような状態」、さらには周囲の「空気を読む」
状態とは異なる。

　また、「会議での発言は自由に行うこと」「誰の発言も罰さない
こと」という行動ルールにそった会議運営を指すものでもない。

　書式が直面する課題を解消するという緊張感のなかで、間違い
を恐れずに自らの意見を言い合うことが求められる。

　そのうえで、経験や立場ではなく意見の内容だけが判断の基準
として、誰の発言であり「よい意見はよい意見、ダメな意見はダ

メな意見」と位置づけられることも必要である。これが「厳しく強い職場」というイメージになる。

　こうした「厳しく強い職場」づくりには、経営陣の姿勢がもっとも重要である。経営陣が（小さな）失敗を恐れずに挑戦を奨励し、失敗そのものは非難しないが、失敗の報告は許さないことを明確にする。そんな姿勢を示すことが第一歩となるであろう。

③ 本書の最終的な狙い

　本書全体の最終的な狙いを整理すれば、「ワイガヤ」や「ワイガヤ分析」は、「厳しく強い職場」とするための一つの手段である。

　対話を通じて、個々人の発想や姿勢を変え、それをＪＡ全体の変革に繋げていって欲しい。発想や姿勢の変革は簡単なものではないだけに、「ワイガヤ」や「ワイガヤ分析」という手段を通じて、人々の行動が具体的に変わることを期待している。そうした一人

チームの心理的安全性を測定する７つの質問

1　このJAではミスをしたら、非難されることが多い。

2　このJAでは、困難な課題も提起することができる。

3　このJAでは、異質な意見を排除することがある。

4　このJAでは、安心して新しいことを試みることができる。

5　このJAでは、他の職員に助けを求めにくい。

6　このJAでは、私の努力を無下に扱うような人は誰もいない。

7　このJAでは、私個人のスキルと才能は、尊重され、役に立っている。

A Edmondson "Psychological Safety and Learning Behavior in Work Teams" を元に整理

ひとりの行動変革が組織変革、ＪＡの自己改革のためには必要だろう。「ワイガヤ」や「ワイガヤ分析」といった「対話」を通じて、一人ひとりの職員が、目標を達成するという強い意志や責任感を持ち、職場環境を『自身の能力を最大限に活かせる場所』として捉える意識を強化していって欲しい。

　繰り返しになるが、ＪＡ職員一人ひとりが「心理的安全性」が確保されたと感じることのできる状態は、活性化した組織と裏腹である。

　こうした状態になると、他メンバーのアイデアが活用できるのみならず、①離職率が低い、②収益性の高い仕事をする、といった効果があることもグーグルの例から明らかになっている。「ワイガヤ」や「ワイガヤ分析」を通じて、ぜひ組織の活性化を図り従業員の意欲を引き出してもらいたい。それが、ひいては組合員のためにもなるはずである。

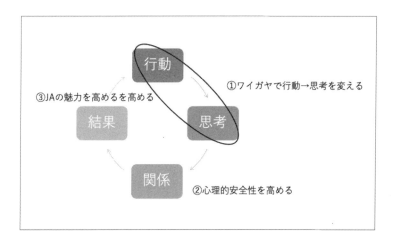

コラム 「第二線」の必要性

　第二線は、個々のＪＡが置かれている様々な状況を踏まえて、自ＪＡの視点からルールの合理性を判断し、改善していく部署である。しかしながら、多くのＪＡをみていると、この第二線機能がなかったり弱かったりする。これは、なぜだろうか。

　背景の一つは、すべてのＪＡが、中央組織から示された統一ルールを通知されたルールを守るだけでよいと「誤解」したことが影響しているようである。

　たしかに、統一的なルールは全国的な事務水準の底上げを図る観点から相応の意味はある。

　一方で、画一的なルールを守ることを優先し、現場で何らの工夫がなく、実態にそぐわない扱いが行われている例も見かける。こうした態度で、様々なニーズを有する顧客の期待に応えることはできるであろうか。全国一律のルール全ＪＡに適用することは妥当でないことがあるのではなかろうか。

　こうした問題意識があれば、第二線の必要性について理解できるはずである。事務ミスや監査指摘に対しては、その原因を追求して事務改善につなげることが大切である。そうした事務改善を行う部署としては、第一線も第三線も相応しくない。

　第一線（支店や本部の指導部署）が対応することが適当でないのは、第一線は（残念ながら）、規程を実行すべき立場のため、易きに流れやすい側面は否めないからである。また、本部指導部署も、現場に注意喚起を行うだけで実効性のある改善措置を検討しないことが現実問題として多いからである。

　一方、第三線たる内部監査は事務に精通しているわけではなく、第一線のルール遵守を確認するために独立性を保つ必要があるか

ら、具体的な補完措置の検討をする部署としてはふさわしくはない。

　こうした緊張関係がある第一線と第三線の間に立つためにある部署が第二線である。

　第二線は、画一的なルールを補完し、検討する必要がある。その前提となるのは、第一線が望む方法を単純に追認するのではなく、事務を信頼できるレベルで実施するために、客観的で公平な立場からの分析・企画力である。そのためには、第三線である内部監査とは別に、事務改善の観点から事務の実態を調査する機能（臨店調査）も必要となるだろう。こうした機能が本文で指摘した事務企画機能となる。

　事務企画機能は、行政も求めている。ここでは、農協検査（3者要請検査）結果事例集（平成25年2月〜27年3月分）をもとに整理してみよう。

　この事例では、監査で、複数の支店で認められた「貯金の入出金処理に係る役席者の事前検印が未実施である」との指摘がなされ、その原因として、「役席者の不在時に代行者を指定するなど

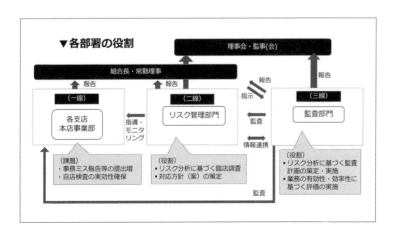

の補完措置が講じられていないこと」と整理されている。

　この場合、ＣＡＰＤプロセスを実施する観点からは、内部監査部門は、当該指摘事項について、被監査部署等に対する改善要請及び改善方法等の助言・提案を行う必要がある。

　具体的には、補完措置の整備が求められるほか、より踏み込んだルールの見直しも必要かもしれない。しかしながら、当該ルールを事後的に検証する立場にある第三線がルール策定そのものに関与することは望ましくないと考えられている。

　このため、内部監査の問題提起を受けとめる部署がないと、せっかくの指摘が宙に浮き、同様の不備が繰り返し発生することにもなりかねない。検査で指摘された事例の背景は、まさにこうしたＪＡ共通の課題が隠れているように感じられる。

　繰り返しになるが、第二線は、現場の意向と内部統制確保のバランスを取って補完・修正ルールを検討し、策定する部署である。こうした役割を強化する観点から、第二線をより明確に位置付ける必要がある。

コラム　心理的安全性の欠ける場合の不都合

「顧客X・家族の機密データが他顧客 (Y) に不注意で共有された」を例に「心理的安全性」が欠ける場合を整理してみよう。この事例では、①親戚であるYに対して情報が漏洩されたこと、②渉外担当者が踏み込んだ相談をしようとしているなかで発生した可能性があるということに、留意する必要がある。

まず、①については（先ほど「リスクベースの事例選択の考え方 (例)」で触れたとおり）、「親戚 Y さんは X 家の状況を良く知っており、わかってしまっても大きな問題ない」と顧客が問題視しない姿勢を示すことがある。

この場合、「心理的安全性」が欠けており不都合な情報を報告したくないという気持ちがあると、「当該顧客の了解をもって報告しない」＝「隠す」という対応になりかねない。

しかし、別の顧客に漏洩していれば、大きな問題になりえる。このため、こうした事案についても、非難・叱責せず、報告されるように「心理的安全性」を確保する必要がある。

一方②については、顧客サイドが「よく相談に乗ってくれるなかでの失敗だから事を荒らげないで欲しい」と言われたとすれば、まさに、この点は評価すべきである。

たしかに、顧客Yに対して、Y データとともに X データを渡したことは「事務ミス」であるが、X や Y の家族状況も踏まえて相談に乗る姿勢は否定されるべきではない。事務ミスから改善点を探す姿勢とともに、この点を評価しないと「心理的安全性」は確保されない。すると、決まりきった方法で事務を行うだけで、前向きの姿勢を取らないことにつながりかねない。

事務ミスに対して再発を許さない態度を取ることは必要であるが、一方で積極的な対応に対しては「ほめる」姿勢を示すことも大切である。

　前向きな対応を行うなかで発生してしまった失敗に対しては、その原因を分析しつつ、その態度は評価する、そうした態度がJAの組織改革に欠けている点の一つといっては、いいすぎだろうか。

おわりに

本書では、ＪＡの経営手法として従来の「ノルマとルール」によるトップダウンから「対話」を通じたボトムアップの必要性を整理したうえで（第１章）、「ワイガヤ」と「ワイガヤ分析」の意義や方法を整理してきた。

「ワイガヤ」は、信用事業における商品・サービス面での価値創造の出発点となりえる。

ポイントは、ＪＡの他事業部との融合だろう。融合こそ総合事業体としてのＪＡの優位性を活かす方策であり、それが「ＪＡらしい信用事業」につながるだろう。「ワイガヤ」を通じて、量的な拡大に代わる、地元の課題解決に結びつく新たな価値を是非、創造していって欲しい（第２章）。

一方、「ワイガヤ分析」は、事務ミスの原因を踏まえた再発防止策の検討に有効である。

さらに、分析の中で、様々な「振り返り」を行う結果、類似のミスの未然防止につながるのみならず、各種ルールの限界や前提、それを踏まえた例外対応の必要性の理解につながることも期待される。この結果として、画一的なルールだけに捉われない顧客の状況に応じたサービスを通じて、顧客本位も実現していって欲しい（第３章～第４章１.）。

一方で、「ワイガヤ」や「ワイガヤ分析」といった「対話」がうまく活かせないという課題に直面するかもしれない。その際には、より進んだ課題に取り組む必要がある。

その課題は、現場レベルのものではない。支店長レベルでの事務の俯瞰、本部レベルでの三線管理、ＪＡ全体の課題としての心理的安全性の確保を意味しているかもしれない。こうした局面へ

の対処もぜひ考えて欲しい（第4章2.）。

「ワイガヤ」や「ワイガヤ分析」は、営業戦略や内部統制の強化の手法と捉えるだけでは十分ではない。最終的には、個々の職員がJAを「よりよくしていこう！」という意識とやる気を醸成し、お互いがざっくばらんに意見を言い合えるコミュニケーション風土や自由な文化を育むことが大切である。

組織の風土や文化の変革はむずかしく、その方法論も様々である。ただ、「ワイガヤ」や「ワイガヤ分析」は変革をもたらす一つのきっかけになることは間違いない。

対話を通じて、JA自己改革を進め、利用者にも変化を感じてもらう。そうすれば、環境変化のなかでもJAは必要な存在であり続ける。

みなさまの健闘を期待している。

信森 毅博（ノブモリ タケヒロ）

日本銀行に入行し、国際法務・規制を中心に活躍（NY州弁護士）。2012年よりコンサルタントとして、組織活性化・組織変革を目的とした実践的な支援を提供中。対応分野は規制対応（海外含む）・内部統制などが中心。JAバンクに関しては、農中アカデミーにて内部統制を担当。

JA総合事業を強化する「ワイガヤ」
－「ノルマ」から「対話」へ、信用事業の価値創造－

2020年8月31日　第1版第1刷発行

著　者	信　森　　毅　博
発行者	尾　中　　隆　夫

発行所　**全国共同出版株式会社**
〒160-0011　東京都新宿区若葉1-10-32
電話 03(3359)4811　FAX 03(3358)6174

©2020　Takehiro Nobumori　　　印刷／株式会社アレックス
定価は表紙に表示してあります。　　　　Printed in Japan